水力发电厂检修技术丛书

水力发电厂辅助设备检修技术（机械部分）

刘维斌　主编

中国三峡出版传媒
中国三峡出版社

图书在版编目（CIP）数据

水力发电厂辅助设备检修技术. 机械部分 / 刘维斌主编.
-- 北京：中国三峡出版社，2021.12
（水力发电厂检修技术丛书 / 余爱彤，姚文俊，江旭，
杨俊，刘维斌主编）
ISBN 978-7-5206-0223-5

Ⅰ. ①水… Ⅱ. ①刘… Ⅲ. ①水力发电站 - 辅助系统 -
机械设备 - 检修 - 技术培训 - 教材 Ⅳ. ①TV74

中国版本图书馆 CIP 数据核字（2021）第 251169 号

责任编辑：李 东

中国三峡出版社出版发行
（北京市通州区新华北街156号 101100）
电话：（010）57082635 57082577
http://media.ctg.com.cn

北京中科印刷有限公司印刷 新华书店经销
2021 年 12 月第 1 版 2021 年 12 月第 1 次印刷
开本：787 毫米 ×1092 毫米 1/16 印张：4.75
字数：104千字
ISBN 978-7-5206-0223-5 定价：52.00元

前言

Preface

为了青年员工，特别是新进员工能够相对系统地学习水电站辅助设备的相关理论知识，尽快地参与本专业具体工作，为青年员工提供第一手相关学习、培训资料，特意编写此书。本书可作为检修公司机械检修辅助机械专业的新员工培训教材及相关专业工作人员参考用书。

本教材共分 5 章：第 1 章《概述》；第 2 章《水电站辅助水系统设备基础理论培训》；第 3 章《水电站辅助水系统机械部分检修工艺及检修标准》；第 4 章《辅助机械部分相关试验项目》；第 5 章《经典检修案例》。

参加本教材编写的有：刘维斌（第 1 章），刘维斌、曾宇嘉（第 2 章），刘维斌（第 3 章），刘维斌（第 4 章），简兆晨（第 5 章）。全书由刘维斌主编，简兆晨校准，郑振标审核，王传忠总工审定。

本书在编写过程中，得到了清江检修公司领导及相关部室的大力支持，流域电厂所属机械专业班组提供了大量的资料，胡钦波、张瑞有提出了许多有益的意见和建议，对此表示衷心感谢。由于编者的水平有限，书中错误和不足在所难免，欢迎大家在学习过程中提出宝贵的意见和建议，以便再版时修订。

目 录
Contents

第1章 概述

1.1 水电站辅助设备简介

水电站辅助设备主要包含油系统、水系统、气系统以及其他相关设备，本书主要介绍水系统。

水系统

水电站的供水系统包括技术供水、消防供水及生活供水。消防供水作用是主厂房、发电机、变压器、油库等处的灭火。生活供水主要为正常生活用水提供水源，如饮用、厕所用水。

（1）技术供水分类：自流、水泵、混合供水方式

①技术供水：主机正常、安全运行所需的用水；②消防供水：厂房设备、变压器等；③生活用水：正常生活用水提供水源，如饮用、厕所用水。

技术供水的主要作用是对运行设备进行冷却、润滑（如果采用橡胶轴瓦或尼龙轴瓦的水导轴承）与水压操作（如射流泵、高水头电站的主阀等）。

消防供水主要用于主厂房、发电机、油处理室及变压器等处的灭火。

生活用水的主要作用是为厂区工作人员提供日常饮用、清洁使用所需水源。

（2）取水方式：①坝前取水；②蜗壳取水；③引水压力钢管取水。

（3）用水设备包括：①发电机空气冷却器；②发电机推力轴承及导轴承油冷却器；③变压器油冷却器；④水冷式空压机；⑤油压装置集油槽油冷却器；⑥水轮机导轴承；⑦其他用水设备。

用水设备对供水系统的水量、水压、水温、水质有一定的要求，原则上是水量足够，水压合适，水温适宜，水质良好。

（4）排水种类：①厂房内设备渗漏水；②设备检修排水；③厂区生活排水。

（5）管路的编号及颜色含义：编号“2 号”为水系统管路及设备。①供水管或清洁水管为蓝色；②排水管为交通绿色；③污水管为柏油黑色。

1.2 检修一般注意事项

检修前，必须做好各检修人员的思想工作，进行安全教育和有针对性的技术培训；整理好相关图纸、资料和各种技术表格；准备好检修用的备品备件、消耗材料、检修工器具、仪器仪表；做好技术数据的搜集与记录工作；大修前须了解设备上次检修情况和有关技术数据。深入现场，充分调查，了解设备运行存在的问题，分析研究其原因，为检修提供依据；拆卸部件前，应检查和做好组合面的唯一性标识；部件拆卸分解前，应先拔销钉后拆螺栓；回装时反之；拆装时严禁用大锤等刚性硬物直接敲击轴、轴承及带轮；部件的结合面，如键与键槽、销与销孔、轴颈与孔、止口应仔细修理，使其光滑无毛刺、无高点，不得改变其配合性质。所有组合面、配合面回装前，需仔细检查、清扫；对轴颈、轴承等主要部件，应做好防锈蚀防碰撞的措施；对各种螺栓、销钉、垫片、垫圈、锁片等，清点记录后应用干净的白布分门别类包紧放妥；每天工作完毕，应清理设备和现场，严禁杂物留在风道或转动部件内；检修后必须按规定严格做好验收工作。

第 2 章 水电站辅助水系统设备基础理论

2.1 技术供水系统机械部分概述

技术供水又称生产供水，主要作用是对运行设备进行冷却，有时也用来进行润滑及水压操作。

2.1.1 技术供水系统的任务

1. 冷却

（1）发电机冷却。发电机运行时将产生电磁损耗及机械损耗。这些损耗转化成热量，将影响发电机出力，甚至发生事故，需要及时加以冷却将热量散发出去。除小型发电机可采用开敞式或管道式通风外，大中型发电机普遍采用密封式通风。发电机周围被封闭着一定体积的空气，利用发电机转子上装设的风扇（有的不带风扇，利用轮辐的风扇作用），强迫空气通过转子绕组，并经定子的通风沟排出。吸收了热量的热空气再经设置在发电机定子外围的空气冷却器，将热量传给冷却器中的冷却水，然后冷空气又重新进入发电机内循环工作。试验表明，空气冷却器的冷却效果对发电机的允许出力有影响，当进风温度较低时，发电机允许出力提高；当进风温度较高时，发电机允许出力降低。水轮发电机除采用定子与转子风冷外，还有采取转子风冷、定子纯水冷却或蒸发冷却等冷却形式。

（2）推力轴承和导轴承冷却。机组运行时轴承处产生的机械摩擦，以热能形式聚集在轴承中。轴承是浸泡在透平油中的，油温高将影响轴承寿命及机组安全，并加速油质劣化，因此，应将油冷却并带走热量。轴承油槽内有两种冷却方式：一是内部冷却，即将冷却器浸在油槽内；二是外部冷却，即将润滑油用油泵抽到外面的专用油槽内，再利用冷却器进行冷却。

（3）水冷式变压器冷却。内部水冷式变压器，其冷却器装在变压器的绝缘油箱内。外部水冷式变压器（强迫式有循环水冷却式），是利用油泵将变压器油箱内的油送至特殊且浸入冷却水中的冷却器进行冷却。这种方式提高了散热能力，使变压器尺寸缩小。为防止冷却水进入变压器油中，应使变压器油压大于冷却水压约 0.05MPa。

（4）水冷式空气压缩机冷却。空气压缩机工作时将会产生大量的热，为降低温度，提高效率，防止气缸活塞产生积碳及润滑油分解，通常在气缸体和气缸盖周围包以水套，流入冷却水以带走热量。

（5）其他冷却。油压装置回油箱有时也装设冷却器，以带走油在流动中因摩擦阻力产生的热量。

2. 润滑

有的水轮机导轴采用橡胶轴瓦，需要清洁水来润滑。此外，深井泵在启动前，其橡胶导轴同样需要清洁水来润滑。

3. 传递能量

水头较高的水电厂，有的用高压水来做主阀，需要用清洁水来润滑。水力控制阀及其他阀，这样可以节省油压设备或使油系统简化。此外，射流泵的工作也是靠技术供水来传递能量的。

4. 主轴密封

主轴密封水一般使用清洁水，技术供水为其提供备用水源。

2.1.2 技术供水系统的组成

（1）技术供水系统由水源、管网、过滤设备、流量控制设备、用水设备，以及测量和控制元件等组成；

（2）用水设备由取水设备、水处理设备等组成；

（3）管网由取水干管、支管及管路附件等组成；

（4）测量和控制元件有阀门、压力表、温度计、示流器、流量计等。

2.2 技术供水系统水源、取水方式与水的净化

2.2.1 技术供水水源与取水方式

技术供水的水源选择是很重要的，选择应考虑的总原则是：取水可靠、水量丰富、水温适当、水质较好、引水管路简单且操作维护检修方便。

通常采用水电厂所在河流（上有水库、下有尾水）作为技术供水水源。只有在河水不能满足用水设备的要求时，才考虑其他水源（如支流或地下水源）作为主水源、补充水源或备用水源。水源选择不当，不仅会增加投资，还会给以后长期运行管理造成不便，因此应予以慎重比较论证。

1. 上游取水

（1）坝前取水。因坝前水库水量丰富，取水设备简单且可靠，即使机组的进水阀门关闭或某一取水口堵塞，供水也不会中断。特别是库大水深的水电厂，除洪水季节外，水中含沙量及悬浮物都较少，易于满足用水设备对水质的要求。同时在一定水深下，水温低，温度变化也小（如水深在 20 ～ 30m 以下，水温变化已不大显著），可以提高冷却效果。坝前取水口的设置既要考虑水温和水深的关系，还要考虑水中泥沙含量及初期发电要求。一般在不同高程和不同平面位置上布置几个取水口。在夏季水温较高时可取深层水，这有助于提高冷却效果。在洪水期可表层取水，这有助于减少水中的含沙量。坝前取水一般在河床式或坝后式水电厂用得较多。当取水口距厂房较远时，引水管道将会很长。由于水源可靠，有时它作为备用水源。

（2）蜗壳取水。在蜗壳侧壁或主阀前的钢管上设置取水口。这种方式引水管道短，控制设备可以集中布置，便于操作，基本建筑投资和运行费用少，供水比较可靠（压力钢管发生故障时供水中断）。为防止取水管路进气或悬浮物流入，对金属蜗壳（或钢管），应将取水口设在圆形上端面；对混凝土蜗壳，则应设在侧面。

上游取水以中水头（20 ～ 80m）水电厂为宜。当水头太低时，水压将不能满足需要，需设置水泵增压；当水头过高，水压太大时，则需设置减压阀耗去大部分能量，很不经济。

此外，对高水头混流机组，还可以从水轮机顶盖排水管上取水。这种取水方式利用水轮机止漏环的漏水作为水源，其突出优点是经济；开机时有水，停机时无水，供水比较可靠；水质水温也能满足要求。这种取水方式的缺点是机组做调相运行时无水供给，而增加机组轴向水推力。该取水方式适用于中小型机组，大型机组则极少使用。

2. 下游尾水取水

当水电厂水头过高或过低时，可考虑自下游尾水取水，用水泵送至各用水设备。从尾水取水时应注意冲起的泥沙、水压脉动及水位的升降（在机组负荷变化时）等情况给供水质和水泵带来的影响；尽可能提高取水口位置，但必须在最低水位时，取水口也能淹入水中至少 0.5m。此外，取水口不要设在冷却水排水口附近，以免夏季水温太高。取水管（水泵吸水管）的进水管应焊有法兰，并装设拦污栅，以防杂物吸入。这种取水方式与坝前取水方式比较，可靠性稍差，在断电或水泵故障时将中断供水，投资及运行费用较大。

3. 支流或地下取水

水电厂附近有可利用的支流或地下水源时，在水量和水质能够满足要求的条件下，也可用来作为技术供水水源。不少水电厂常以此作为水导轴承及深井泵轴承等用的清洁润滑水源。这种取水方式一般应设有足够大的水池，起储备、稳流和澄清等作用。水池上部、下部分别设有溢流和排污通道，水池水位设自动装置加以监视。

地下水源一般都比较清洁，水质较好（但硬度大），除个别具有较高水压力之外，大都需要用水泵抽至水池，因而增大了投资运行费用。

总之，选择水源时，决定供水系统是否经济可靠是关键，必须全面考虑，根据水电厂的具体条件进行分析论证，选择供水可靠、运行方便、经济合理的方案。

2.2.2 水的净化

1. 除污物

（1）拦污栅。用以阻拦较大的悬浮物。拦污栅多用平条形、分顺水平条形及正交形条形，因而在蜗壳或钢管上引水的取水口采用这种拦污栅为宜。

（2）滤水器。滤水器的作用是清除水中的悬浮物，它分固定式和旋转式两种。固定式滤水器结构比较简单，在筒形外壳内的隔板上固定几个带滤网的鼓筒即可，但清污较难，不宜在水中悬浮物较多的水电厂使用。旋转式滤水器可在运行中清污，对于手动操作转筒感到费力的大型旋转滤水器，可考虑设置变速机构或采用电动、液动、气动操作。滤水器的滤网一般是钢板钻孔制成，滤网孔的有效面积至少应等于进出水管过流面积的 2 倍。当滤网堵塞到一定程度时（压差为 20 ～ 30kPa），可用差动压力继电器发出警报信号或用压力表进行监视。

旋转式滤水器工作时，水从下部进入具有网孔的鼓筒内部，经过滤网过滤后，从筒型外壳和鼓筒之间的环形道流出。滤网固定在转筒上，转筒用铁板隔成几段，当转筒上的某一个滤网需要清洗时，可转动手柄使该格滤网与排污管相通，打开排污阀，采用反冲式进行清洗。

2. 除泥沙

（1）水力旋转器。水力旋转器是利用离心力来分离泥沙。当水流速度以 8 ～ 12m/s 的流速沿切线方向进入旋流器时，会产生较大圆周速度，使水流高速旋转，在离心力的作用下，泥沙颗粒趋向器壁并旋转向下，排至储沙罐内；清水旋流到一定程度后将产生二次涡流向上运动，徐徐进入清水出水管。

旋流器应满足耐压、耐磨和内表面光滑的要求，冲沙水量为进水量的四分之一。

水力旋流器的优点是：被分离的混合液体在器内停留时间短，效率高，结构简单，占用地少，投资低，易于制造、安装维护及自动控制。试验证明，粒度大于 15 的泥沙基本上都能被清除。需要注意的是，尽可能减少冲沙水量和水压损失。

（2）沉淀池。沉淀池用于分离水中颗粒和密度较大的物体。我国水电厂已采用的沉淀有平流式和斜流式两种。

平流式沉淀池是一个矩形水池，水由进口慢慢流到出口，由于流速很小，水中的泥沙等推移质就沉于池底。平流式沉淀池的优点是施工较简单，处理效果稳定；缺点是占地面积大，人工排沙劳动强度大，需要设置排沙设备。

斜流式沉淀池是在沉淀池中设置斜板或斜管，可以加大水池过水断面湿度，减小了水力半径，在同样的水平流速下，大大降低了雷诺数 Re，从而减少水流的紊动，促进沉淀。同时因颗粒沉淀距离缩短，沉淀时间可以大为减少。据国内外运行经验，在平流式沉淀池中加装斜板，沉淀效果可提高 3 ～ 5 倍。如果将斜板换成斜管，由于斜管比斜板的湿周大，水力半径小，沉淀效果会更好。

斜流式沉淀池的结构及操作管路系统，投入运行以前应检查各阀门是否漏水及排泥管等是否堵塞。启动水泵向水池注水前，应先将电动阀及排泥阀打开。每台机组开停机前应事先通知沉淀池值班人员，以便提前调整水池进出水量（包括开停水泵台数及调整阀门开度，使水池出数量平衡）。当发现排泥浓度很大时，应打开排泥阀左侧辅助排泥，这时应加大进水量，以免水位骤降。当用水量不变，停泵电极水位失灵、池水猛涨而大量溢水时，说明排泥斗淤堵，此时应立即手动停泵，并切换机组的供水水源，然后打开池体高压水气阀进行冲淤，待疏通排泥系统后再切换为水池供水。但汛期过去库水变清，水池即可停止运行。这时应将管道积水放空，并局部揭开顶盖，用软管接通池顶上的压力水管冲洗蜂窝表层的积泥污物等，然后盖上顶盖。

3. 防结垢

水中硬度较高时，冷却器内常有结垢现象，会影响冷却效果及设备使用寿命。结垢化学过程是重碳酸盐被分解，游离 CO_2 散失产生 $CaCO_3$ 过饱和沉积，吸附于流道表面，经过一定结晶过程形成水垢。

防结垢的措施有以下两种：

（1）化学处理。采用酸中和及磷化，增加水中电解质、有机质及表面活性物质，以保持碳酸盐的稳定性或改变结构的结晶。

（2）物理处理。采用电磁处理或超声波处理，改变结垢的结晶和过流表面吸附条件，结晶状态改变，由具有互相黏结特性的斜方六面体变成非结晶状的松散颗粒。

4. 水生物防治

（1）供排水管相互倒换使用，即通过切换阀门将供水管改为排水管，而排水管改为供水管，排水管内水温较高，水生物不容易生存。

（2）投放药物杀灭。

（3）提高水流速度，如低水头水电厂采用水泵供水，流速加大，可防治水生物生长。

2.3 水电站技术供水系统的供水方式与系统布置

下面列举水布垭、隔河岩、高坝洲三座水电站技术供水方式系统图（见图 2-1 ～图 2-3）。

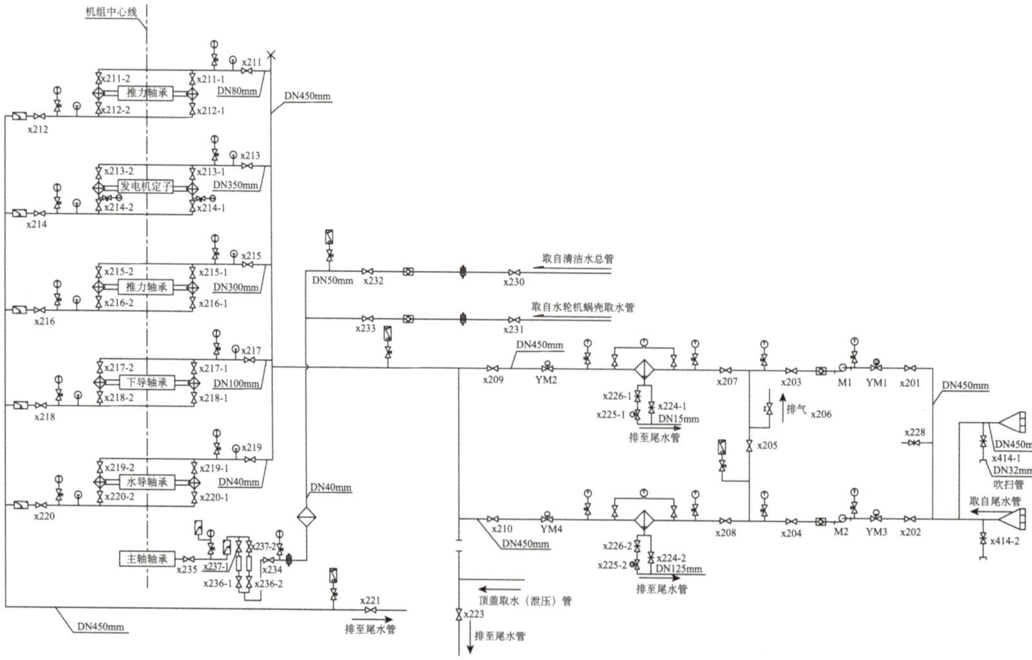

图 2-1　水布垭电厂技术供水系统图

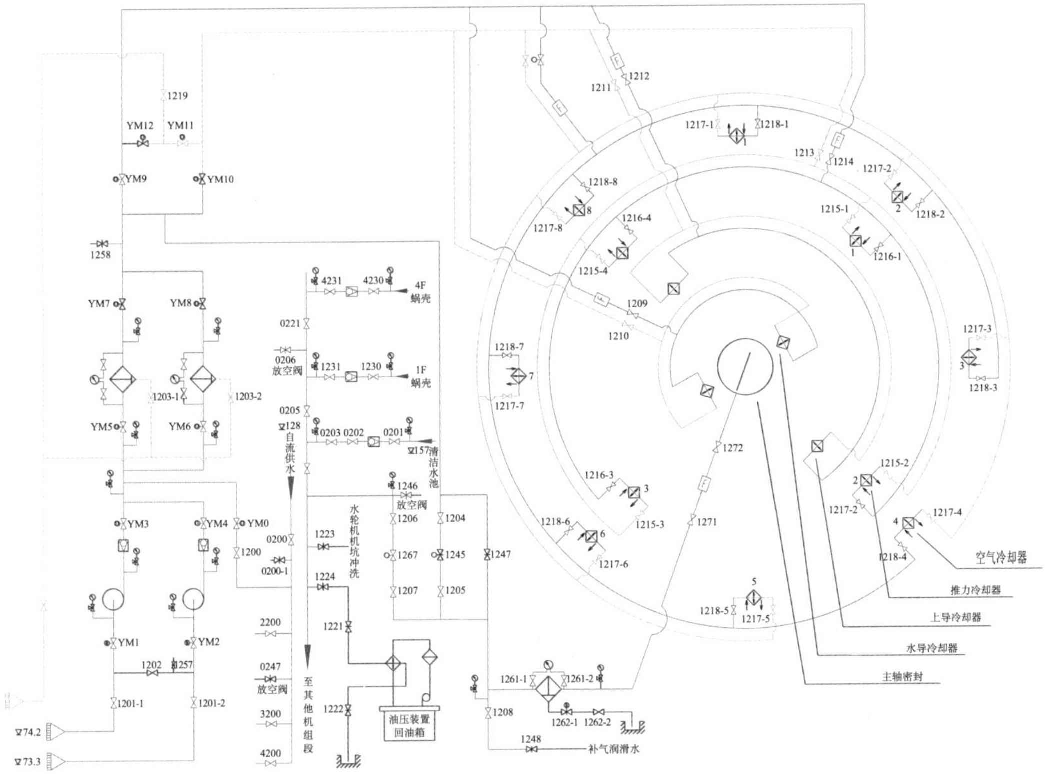

图 2-2　隔河岩电厂技术供水系统图

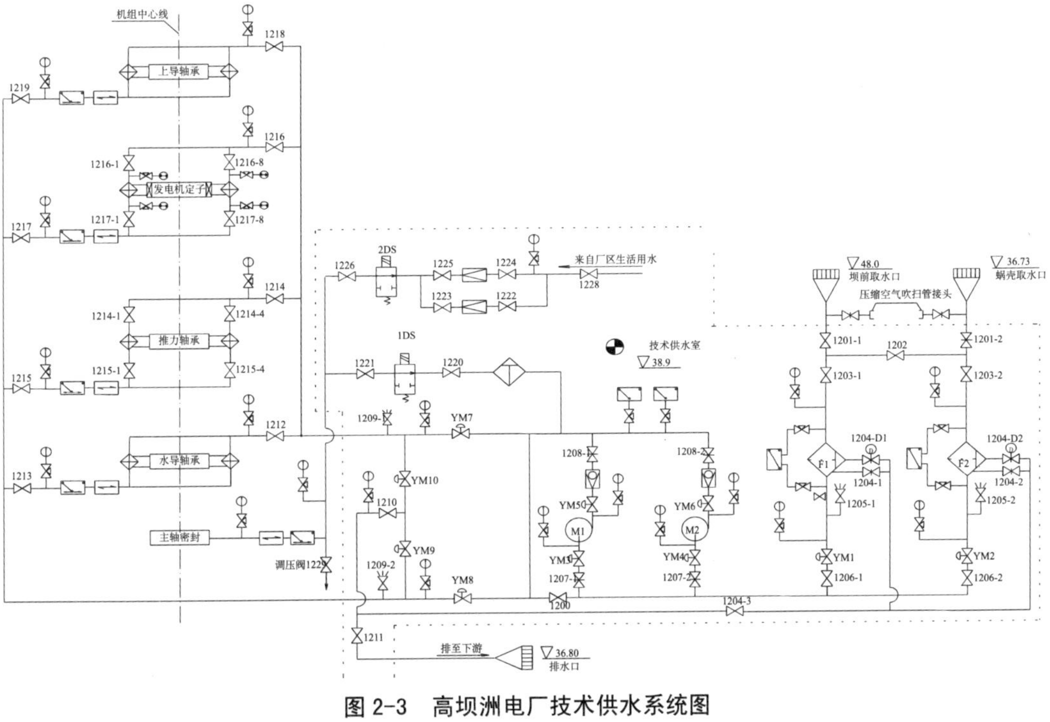

图 2-3　高坝洲电厂技术供水系统图

2.3.1　技术供水系统的供水方式

1. 供水方式

（1）自流供水

1）水头为 15 ～ 40m 的水电厂，当水温、水质符合要求时，一般采用自流供水。水压由水电厂的自然水头保证。这种供水方式简单可靠，操作方便，易于维护。

2）水头为 40 ～ 50m 的水电厂采用自流供水时，为了保证各冷却器进水口水压符合制造厂的规定，应通过减压装置减压。削减掉一部分多余水压，实际上是能量的浪费。

3）水头为 80 ～ 90m 时，由于减压，过多地增加了水能消耗，这就需要把浪费的水能和装设水泵供水时耗用的电能及设备费用等进行比较，以确定经济合理的供水方式。

国内已运行水电厂，有的水头已达到 130m，由于库容小，溢流概率多，仍采用自流减压供水。

（2）水泵供水。当水电厂水头低于 15m 时，自流供水水压难以满足要求；当水电厂水头为 80 ～ 90m 时，采用自留减压供水往往不经济。因此，在这两种情况下，一般都采用水泵供水。

水泵供水有单元供水与集中供水两种方式。单元供水即每台机组各有一台工作水泵，每台机组或 2 ～ 3 台机组共用一台备用水泵。这种方式虽然所用水泵可能多一些，但运行灵活，可靠性高，便于自动控制。集中供水是几台机组或全厂共用一组水泵，这种方式水泵台数少，便于维护管理，但自动控制系统复杂，且运行机组台数改变时会引起供水水压波动。

水头为 80 ～ 170m 的水电厂，为减少自流供水水能损失，可采用射流泵供水。这种供水方式宜用单元供水并采用自流减压供水作为备用。射流泵供水方式设备简单，便于操作维护，但工作范围较窄，目前尚无定型产品。

（3）混合供水。当水电厂最高水头超过 150m，最低水头又不能满足自留供水的要求，或水电厂最低水头低于 80m，而最高水头采用减压装置又不经济时，可考虑采用自留和水泵混合供水方式。

（4）循环冷却供水。循环冷却供水系统为半封闭式循环系统，由循环水泵、机组冷却器、尾水冷却器、循环水池、供回水管道、控制阀门和 PLC 水泵电控柜等组成。

2.3.2　技术供水系统的设计原则和基本要求

技术供水系统优劣，可按运行可靠、操作维护方便、网路经济简单、能自动可靠地进行检测与控制等原则来衡量，设计时应做到下列各项：

1. 取水至少应有两路

从上游取水时，通常自本机蜗壳或压力管道引水作主供水，从坝前引水作为备用水；也可将几台机组的主供水管道连接起来互为备用。当主供水中断时，备用水能及时投入。如采用水泵供水又无其他水源，应有并联且能自动启停的备用泵。

2. 贯穿全厂供水的总管可为单管、双管及环管

双管和环管比单管供水可靠性高，但管路复杂，多占场地，可根据机组台数及水电厂在电力系统中的重要程度确定。总管应设分段隔离闸，以利安全并便于维护检修，一般每台（或两台）机组设一个。按供水备用要求，分段隔离阀可为常开或常闭阀。

3. 含沙量较大或有防水生物要求

对含沙量较大或有防水生物要求的供水系统，为泥沙或水生物不易存积在管路和用水设备中，可采用反冲管路的设计方案。反冲管路上的示流信号器应为双向式。

4. 滤水器设计要求

每台机组的重供水管路应设自动启闭的阀门，该阀门的上游侧应设检修断水阀。滤水器一般设在自动给水阀的后面。滤水器的进出水管上通常装有压力表或压差继电器，当进出水压差达到一定值时，发出信号以便随时清污。旋转式滤水器通常只设一个，当水量大于 1000 时，可并联设置两个。固定式滤水器一般设定两个，互为备用，也可在一个滤水器前后设置带隔离阀的旁路管作为备用通路。

5. 减压供水设计要求

对设有减压阀或射流泵的供水系统，在减压阀后应配有安全泄压装置，并在减压阀前后装设监视用的电接点压力表或压力信号器。

6. 机组各冷却器进出水管设计要求

机组各冷却器的进出水管口附近应设阀门及压力表（当出水管有可能出现负压时，则应设压力真空表），以便调节水压和分配水量。各机组进水管上及各冷却器出口处设温度计。

7. 各轴承油冷却器的排水管上应设示流继电器

如需测定各用水设备所通过的水量，可在有关管路合适的管段上装设流量计或留出装设流量计的位置。

8. 技术供水系统的机组总排水管路设计要求

在技术供水系统机组总排水管末端，一般不设阀门，以防误闭造成事故。但有时为

了调节排水管真空度或尾水较高必须设置时，方可装设，并应调节到需要的开度，且应有防止误操作的措施。

9. 水泵供水设计要求

采用水泵供水方式时，水泵应能自动启停。水泵装水管应装有止回阀和闸阀，水泵吸水管侧和压力管侧应分别装设真空表和压力表。

10. 备用水源

水轮机导轴承润滑水、主轴密封润滑水以及推力轴承水冷瓦的冷却水应有可靠的备用水源。进水管路应装有示流继电器和压力表。备用水源能自动投入。

11. 水冷式变压器冷却水设计要求

水冷式变压器进水口水压有严格限制，因此需有可靠的减压安全泄压装置。当水电厂水位较高时，妨碍水冷式变压器冷却器正常排水时，应另外考虑排水出路。水冷式变压器冷却器进水口应有自动启闭的阀门和监视水压的电接点压力表；排水管应装设示流断电器。

12. 水冷式空气压缩机冷却水设计要求

水冷式空气压缩机进水管上的给水阀门宜自动启闭，阀后设压力表，排水管上有示流继电器。

13. 取水口设计要求

取水口应设拦污栅并附有吹气清污的管接头或采取其他清污措施。为检修或更换取水口后第一个阀门，可采用插板、法兰盖或其他措施封堵取水口，以防造成事故。

2.3.3 技术供水系统布置

1. 设备及管件的布置

（1）水泵布置。相邻两台水泵机组突出基础的净距离或机组突出部位与墙壁之间净距，应保证能拆卸水泵轴或电动机转子。当电动机容量小于 55kW 时，其净距不小于 0.8m；当电动机容量大于或等于 55kW 时，其净距不小于 1.2m。

水电厂建有水泵房，房内主要通道宽度为 1.0 ～ 1.2m。

真空泵可布置在它所服务的卧式水泵附近。

当采用水泵单元供水方式时，应尽可能地将水泵布置在机组段内，以减小水力损失，便于运行和检修。当采用水泵集中供水时，则根据水电厂具体情况，可将水泵集中布置在水泵房内。当采用立式深井泵时，其平面位置可根据集水井可能开挖的部位及可以起吊水泵进行检修的条件来确定；其高程应考虑电动机防潮并便于维护检查，大多布置在水轮机层。当采用卧式离心泵时，应按其吸程要求确定位置。当水电厂无专设的排水廊道时，常年将检修排水泵布置在两台水轮机尾水管之间片上游侧的地方。水轮机顶盖排水泵可布置在水轮机顶盖上、机坑壁笼内或水轮机墩附近。

射流泵本身无转动部件和电气元件，布置时除在安装高程上要考虑气蚀条件的限制外，只要便于操作、检修，可与管路管件同样铺设。

如水泵台数多，容量较大，在泵房内应安排拆修场地。一般在泵房顶埋设吊环，当水泵台数较多且单件重量大于 2000N 时，可考虑设置其中设备，以便水泵的安装和检修。

（2）阀门布置。经常操作的阀门应布置在便于操作和拆卸的地方；高于地面 2m 以上的操作阀门，其下方应设有固定式或移动式操作平台。对电动操作阀门要考虑防潮问题，对液压操作阀门，应尽量缩短液压操作管路。这两种阀门一般设在水平管路上。

旋启式止回阀可水平或垂直安装。安装在垂直管路上时，其水流方向应自下而上。升降式止回阀只能安装在水平管路上。

装设减压阀时，应分清高低压侧，其安全阀应设置在低压侧。

阀门一般不能倒置，大口径闸阀或长柄圆形阀附近应有足够的操作空间。

滤水器的布置。滤水器应布置在操作、检修方便的地方，其排污阀在操作时应不受支墩或支架的妨碍，以便于就地进行检修，附近要有足够的场地。

伸缩节的布置。由于温度的变化引起管路涨缩，使管壁产生应力，当管壁应力因温度变化而超过管材允许应力时，应设伸缩节。

（3）管路布置。水泵吸水管的布置。水泵一般设有各自的吸水管，当三台水泵合用吸水管时，吸水管不得少于两条。在连通管上应装设阀门，如果一条吸水管发生故障，另一条吸水管仍能满足吸水要求。为防止吸水管内存在空气使水泵运行发生故障，当水泵吸程为正值时，吸水管按反坡度要求布置。

厂内供排水总管布置。从水库引水或钢管取水的技术供水管，在厂内连成全场技术供水总管，一般布置在主厂房水轮机上游侧，有时为了不与电气母线及其他电气设备发生干扰，也可将贯通全场的供水总管布置下游侧。从机组引出的总排水管，一般均直通到下游。

供水总管应尽可能明设，如因布置上的要求必须设在沟内时，应符合以下条件：

① 管沟的宽度和深度应满足检修的需要，管与沟底的净距离不应小于 300mm。

② 沟底应有 0.001 ～ 0.005 的坡度，坡向排水口或集水井。

③ 管沟应有活动盖板。

互相平行铺设管路，布置要紧凑，但应拆修方便，沿墙布置的管路、管件和墙间的净距不小于 100mm，管与管之间的间距不小于 25mm（当管壁外包有隔热防结露层时，应将隔热材料包扎厚度计算在内）。跨越混凝土浇筑分缝处的埋设管路，在分缝的两侧管段应设弹性垫层，以防浇筑分块的位移不同对管路产生影响。

机蹲附近供排水管路布置。主机机墩附近是管路集中的地方，为机组服务的油水气管路均在这里进出，同时机墩钢筋和基础螺栓等在此密布，因此，应注意避免与机坑进人门互相干扰。

空气冷却器的排供水管，是机蹲管路中过水量最大的管路，一般可布置在下机架下面的机坑内壁上，或埋设在机墩混凝土内，也可接在机墩外围。设在机坑内壁面上的环管、支架、阀门，每当检修水轮机需要拆开顶盖时，首先要将它拆下，颇感不便。埋设在机墩混凝土内的环管，除管路锈蚀损坏难以处理外，可使外观整齐避免了管子结露的问题，在机墩外围架设环管，外观显得拥挤，且应注意避免与机坑进人门互相干扰。

大容量机组因其空气冷却器较多，用水量大，考虑到水量分配的均衡问题，应先由半环管分两路和环管相连接，这是要处理好各层环管之间和机墩钢筋等埋件之间的干扰问题。

推力及上、下倒轴轴承油冷却器排水管一般沿机架进出，大部分为明设。发电机上部的水管如有结露情况，应考虑在管路上包覆隔热防露层。管路上的示流器、压力表、温度计等布置在容易观察的地方。水轮机导轴承及主轴密封等润滑冷却水管从机坑脚踏板与水轮机顶盖之间的空间穿过，由于地方狭小，管路拆装不便，因此，管路布置时应尽量减少机坑内的安装量，可在必要的部位设置活接头和耐油承压橡胶管段，以便于管路的连接。

管路的支撑。由于水电厂技术供水排水系统管路数量大，种类较多，除埋设管路外，均应设置适当的支架或吊架妥善地支撑这些管路。

2.4 排水系统

2.4.1 厂房渗漏水

厂房渗漏排水通常包括厂内水工建筑物的渗水，机组顶盖与主轴密封漏水，钢管伸缩节漏水及各供水阀门、管件漏水，汽水分离器及储气罐的排水等。有些水电厂将水冷式变压器的冷却水也排至场内集水井。

渗漏排水的特点是排水量小、高程较低，不能靠自留水排至下游。因此，一般水电厂都设有集水井，将上述渗漏排水集中起来，然后用水泵抽出。

渗漏排水泵的选择。渗漏水泵的可靠性直接关系到厂房安全。国内已建成的大、中型水电厂渗漏排水泵多采用卧式离心泵和立式离心泵，也有采用射流泵与立式潜水泵的。

由于立式深井泵叶轮在水下，没有吸程和启动充水的问题，而它的电动机又在井上，没有受潮和淹没的问题，优点较为突出。运行证明，立式深井泵工作可靠，因此近年来投产的大、中型水电厂，绝大部分都选用立式深井泵。

立式潜水泵具有与立式深井泵相同的优点，且效率高及安装方便；但目前已生产的立式潜水泵容量较小，造价较高，且电动机浸在水中，因此对密封要求严格，维护检查不方便。

射流泵具有结构简单、运行可靠、造价低廉等优点，但效率低，可作为渗漏排水的备用泵，特别是在常用电小时的紧急情况下，可以保证陈漏水正常排除。若水电厂水量丰富，不存在用水的经济问题，也可将射流泵作为工作泵处理。

2.4.2　机组检修排水

机组检修排水包括尾水管内的积水、低于尾水蜗壳和压力管道内的积水、上下游闸门的漏水等。

检修排水泵的选择。机组检修排水量较大，一般使用卧式离心泵与立式深井泵两种。对水斗式水轮机，也可采用移动式潜水泵，在机组检修时，临时放在尾水坑内进行排水。

检修排水泵的类型应根据水电厂的具体情况和各类水泵的特点，进行技术、经济比较后确定。

2.5　技术供水主要设备及工作原理

2.5.1　技术供水止回阀及水控阀

1. 止回阀

水电站技术供水系统止回阀为 *DN*400。止回阀是一种自动控制阀门（利用管道压力驱动阀门开关运行），无论上游压力和用水需求如何变化，都能将较高的上游压力降低到一个恒定的下游压力值。止回阀是一种导阀控制、水力操作、隔膜传动的球形阀门，阀体结构为 Y 型结构，为防止水体中淤泥等杂质进入导阀内，下游压力通过压力隔膜传到导阀。

机组止回阀技术参数见表 2-1。

表 2-1　机组止回阀技术参数表

特性	参数	特性	参数
最大工作流量（m^3/h）	2200	出口最大工作压力（MPa）	0.45
设计工作流量（m^3/h）	1800	出口设计压力（MPa）	0.32
最小工作流量（m^3/h）	1400	出口最小工作压力（MPa）	0.20
进口最大工作压力（MPa）	1.14	公称压力（MPa）	1.6
进口最小工作压力（MPa）	0.74	公称直径（mm）	*DN*400

2. 水控阀

水控阀是人们日常生活中极为常见的阀门之一，与人们的生活息息相关。水控阀广泛地应用于楼宇管道、工业供水、消防设施、暖通空调和灌溉系统等各个方面，一般作为减压、持压、泄压调节流量，控制水位和预防水锤等之用。

水控阀是一种靠液压动力和隔膜驱动的控制阀，主阀一般由基本阀体和驱动装置组成。水控阀的主阀有单腔式和双腔式两种。

单腔式主阀由隔膜将驱动装置分为上、下两个控制腔，上控制腔通过配管与上游连

图 2-4　单腔式主控阀外形

接，下控制腔即下游，阀门主要靠上、下腔的压差操作隔膜的运动，单腔主控阀的外形如图 2-4 所示，单腔式主控阀结构如图 2-5 所示，单腔式主阀的工作原理如图 2-6 所示。

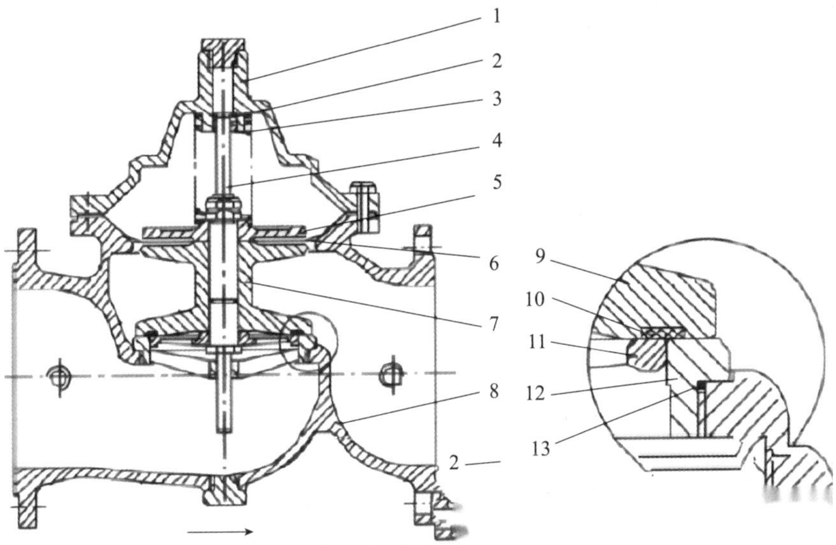

图 2-5　单腔式主控阀结构图

1—阀盖；2—阀盖导套；3—弹簧；4—导杆；5—膜片上压板；6—隔膜片；7—支架（阀瓣）；8—阀体；9—支架（阀瓣）；10—密封圈；11—导向压板；12—阀座；13—O 形圈

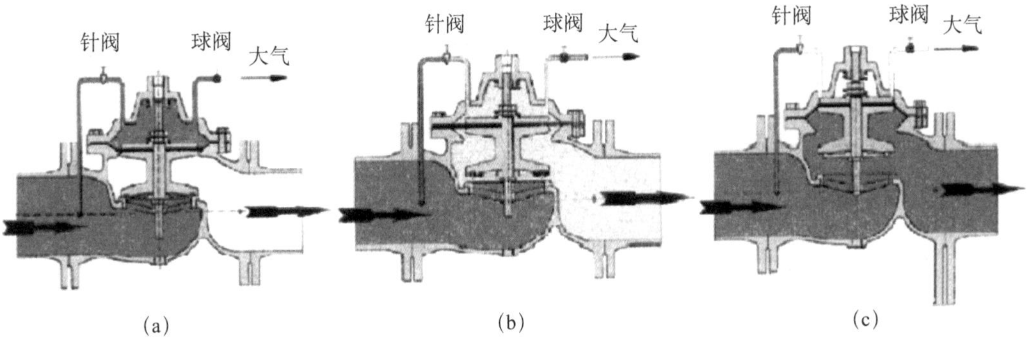

图 2-6　单腔式主控阀工作原理图

（a）当进口端压力进入上腔，同时球阀关闭时，主控阀处于全关位置
（b）当调节球阀之开度，使流经针阀和球阀的水流达到平衡时，主控阀处于浮动状态；
（c）当球阀全开，上腔的压力释放到大气时，主控阀处于全开位置

双腔式主控阀是在密封阀瓣与隔膜之间添加一块隔离盘，这样就有上、中、下三个控制腔，上控制腔通过配管与上游连接，中控制腔可以任意连接动力源，下控制腔仍连接下游。阀门主要靠上、中腔的压差操作隔膜的运动。双腔式主控阀结构如图 2-7 所示。

水控阀常见的连接形式是法兰型和螺纹型，也有少量是榫槽型和对夹型。高坝洲所采用的就属于双腔式主阀。

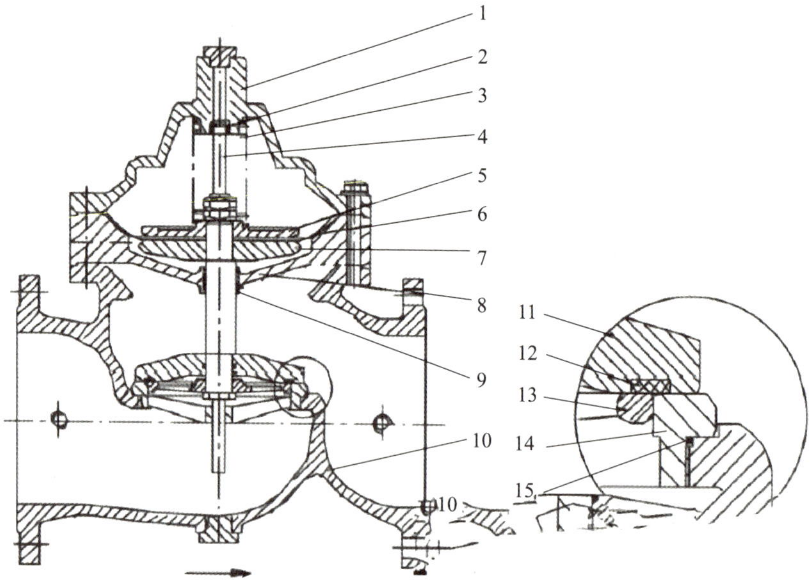

图 2-7　双腔式主控阀结构图

1—阀盖；2—阀盖导套；3—弹簧；4—导杆；5—膜片上压板；6—隔膜片；7—膜片下压板；8—中间体；9—中间体导套；10—阀体；11—阀瓣；12—密封圈；13—导向压板；14—阀座；15—O 形圈

2.5.2　滤水器

1. 滤水器

滤水器是发电系统中不可或缺的一个系统设备，它对发电机组的正常运行有着至关重要的作用。由于受国内水文环境条件的限制，初期的全自动滤水器在结构、性能及过滤、排污效果上与实际要求存在较大偏差，因此，在实际运行中，滤水器存在不同程度的弊病。

2. 工作原理

ZLSG-B（ZLSG）型全自动滤水器结构如图 2-8 所示。

正常过滤状态时，电动减速机不起动，排污阀关闭。当达到清污状态时，排污阀打开，减速机起动，带动滤水器内排污机构转动，使排污机构与被冲洗的过滤筒依次相连通，附着在过滤筒上面的污物借助滤水器内部的部分过滤后的清洁水反冲洗，并随着开启的排污阀经排污管流出。

GHY 电厂使用 FZLQ 型自动滤水器由执行机构及自动控制机构组成。执行机构由电动减速装置、滤水器本体及电动排污阀组成。自动控制机构由安装在滤水器本体上的差压控制器及安装在滤水器附近的电气控制盘柜（屏）组成。

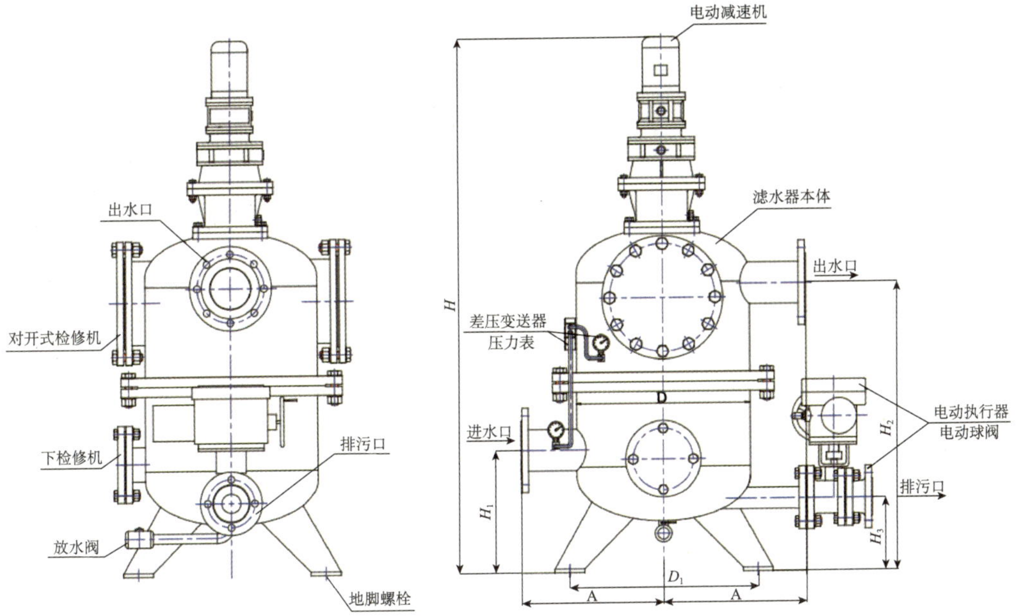

图 2-8　ZLSG-B（ZLSG）型全自动滤水器结构图

（1）技术供水滤水器采用立式电动自动清污型滤水器，此全自动滤水器特别适用于含有大量漂浮物和沉积物的水质自动过滤、自动清污和排污。

（2）滤水器结构设计独特，与传统的滤水器进水方式有区别，它采用上进下出的方式，便于沉积物及部分悬浮物的彻底排放，而漂浮物悬浮于罐体上部进水腔，不进入过滤桶，从而避免了过滤桶的堵塞，过滤桶可通过设在罐体上部的检修孔直接取出清洗。

（3）滤水器具有符合排污、过滤性好等特点。它由电动行星摆针轮减速机、滤水器本体、差压控制器、差压变送器、双电动排污阀及带 PLC 可编程控制器的电动控制柜等组成。滤水器本体由布置在滤芯法兰上的 6 个小过滤筒、自动反冲排污转动机构、主轴、传动挡板、排污转筒、排污孔架、漂浮物及沉淀物排污管、进出水管及在罐体侧上部对开的检修门孔组成。它具有自动过滤、自动清污，且在清污、排污时不影响正常供水量，电气控制采用 PLC 可编程控制器自动控制，也可手动控制，并设有差压过高、排污阀过力矩等故障报警装置。

（4）滤水器在要求的压力和流量变化范围内具有安全稳定和连续工作的能力。滤水器具有过流能力大、内压降小、自动排污能力强的功能。在规定的压力范围内，随着进口压力的正常波动，通过滤水器的流量变化最大不超过额定流量的 10%。滤水器的控制装置，具有在中控室利用计算机进行监控失电信号、4～20mA DC 压差模拟信号、压差过高信号、排污阀过力矩信号及减速机故障信号等能力，并能自动控制清除水中的机械杂物，全自动连续工作。

ZLSG 系列全自动滤水器主要分为两个大类：ZLSG-G（GII）型和 ZLSG-B 型。

ZLSG-G（GII）型滤水器进出水形式为上进水下出水结构，而 ZLSG-B 型滤水器是在 ZLSG 基本型的基础上改进而成的，其进出水形式为下进水上出水结构。如此设计的原因在于适应不同电站管道布置的需要。

ZLSG-B（ZLSG）系列全自动滤水器均由以下部件组成：滤水器本体（壳体、端盖法兰、转动机构、过滤机构、排污机构）、电动行星摆线针轮减速机、电动排污球阀、差压测量控制器、压力表及带 PLC 的电气控制柜。

ZLSG-B（ZLSG）系列全自动滤水器在水质较好的环境中使用，能达到近乎完美的工况表现，能有效地过滤各类沉积物及悬浮物，但在处理漂浮物等杂物上作用不明显。ZLSG-B（ZLSG）系列全自动滤水器同样具有过滤筒过滤面积大、排污时水损和压损小、先进的 PLC 控制技术等特点。另外，与 ZLSG 型全自动滤水器不同的是，ZLSG-B 型全自动滤水器在上罐体设置对开的检修孔，可通过其方便的过滤筒进行检修或更换。

GHY 电厂新型 FZLQ 型自动滤水器具有以下特点：

①滤水器的过滤面积大，过流阻力小。

②运行性能稳定，清污时对出口水压影响小，完全满足在线运行的需要；功能齐全，一旦安装完毕，只需接入 AC380V、50Hz 的动力电源即可投入自动运行；可实现定时清污、差压控制清污、手动控制清污、滤水器故障报警等功能。

③滤水器的体积小，结构简单，维护、检修调整方便，便于用户的运行。

④工作可靠性高，寿命长，耗能低。

3. 主要技术参数

主要技术参数见表 2-2。

表 2-2　ZLSG 型自动滤水器技术参数表

滤水器的形式	立式电动全自动清污型
设计工作流量（m^3/h）	≥ 1700
最小工作流量（堵塞发信号时最小值）（m^3/h）	≥ 1400
反冲洗额定流量（m^3/h）	≤ 100
排污方式	自动排污
公称压力（MPa）	1.0
工作压力范围（MPa）	0.25 ～ 1.0

续表

滤水器的形式	立式电动全自动清污型
滤网孔径（mm）	4
设备内压降最大值（m）	不超过 3 水柱 高不能超过 3.0 圆筒直径不大于 1.1
进、出管直径（mm）	*DN*450
自动排污管直径（mm）	*DN*125
底部排污管直径（mm）	*DN*65
底部排污管直径（mm）	*DN*65

2.5.3　水泵

1. 原理

水泵是借动力设备和传动装置或利用自然资源将水由低处升至高处的水利机械，广泛应用于农田灌溉、排水以及农牧业、工矿企业、城镇的供水、排水等。

2. 类型

根据工作原理的不同，水泵可分为容积泵、叶片泵等类型。容积泵是利用其工作室容积变化来传递能量的，主要有活塞泵、柱塞泵等。叶片泵是利用回转叶片与水的相互作用来传递能量的，有离心泵、轴流泵和混流泵等。潜水泵的泵体部分是叶片泵。

（1）离心泵。离心泵是利用离心力的左右增加水湾压力并使之流动的一种泵，由泵壳、叶轮、转轴等组成。动力机带动转轴，转轴带动叶轮在泵壳内高速旋转，泵内水体被迫随叶轮的转动而产生离心力。离心力迫使液体从叶轮周边抛出，汇成高速高压水流经泵壳排出泵外，在叶轮中心处形成低压，从而吸入新的水流，构成不断的水流输送作用。叶轮具有逆旋转方向的叶片，其结构形式有封闭式、半封闭式和敞开式三种。水流自叶轮一面吸入的称为单离心泵，自叶轮双面吸入的称为双离心泵。为增大扬程，可将多个叶轮装在同一轴上成为多级离心泵。由此前一叶轮排出的水进入后一叶轮进水口，增压后再从后一叶轮排出，因而叶轮数越多，压力越高。有的离心泵带有能自动排除吸水管和泵体内空气的装置，在启动前无需向泵体灌水，这种泵称为吸离心泵，但其效率低于一般离心泵。

离心泵多用于扬程高而流量小的场合。目前，仅水布垭电厂技术供水系统存在使用离心泵的情况，以下做简短说明。水布垭电厂使用电机功率≥ 280kW 的上海康大泵业制造有限公司生产的离心泵，其主要技术参数见表 2-3。离心泵主要结构，如下图 2-9 和图 2-10 所示。

表 2-3　水布垭电厂离心泵主要设备技术参数

水泵形式	立式便拆式管道离心泵
流量范围（m^3/h）	1200 ～ 1900
额定流量（m^3/h）	1600
扬程范围（m）	35 ～ 26
额定扬程（m）	32
额定效率（%）	≥ 78
进出口管径（mm）	DN450

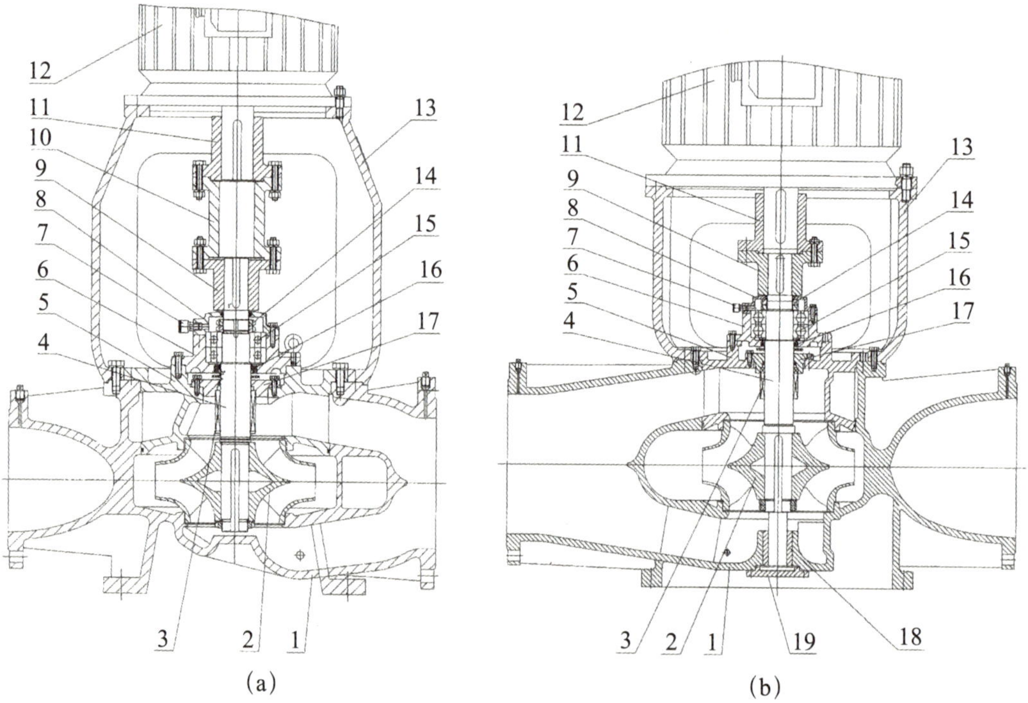

图 2-9　水布垭电厂技术供水离心泵结构图

1—泵体；2—叶轮；3—机械密封；4—泵轴；5—泵盖；6—轴承体；7—油杯；8—轴承压盖；9—泵联轴器；10—中间联轴器；11—电动机联轴器；12—电动机；13—电动机支架；14—锁紧螺母；15—滚动轴承；16—油封；17—密封座；18—滑动轴承；19—密封压

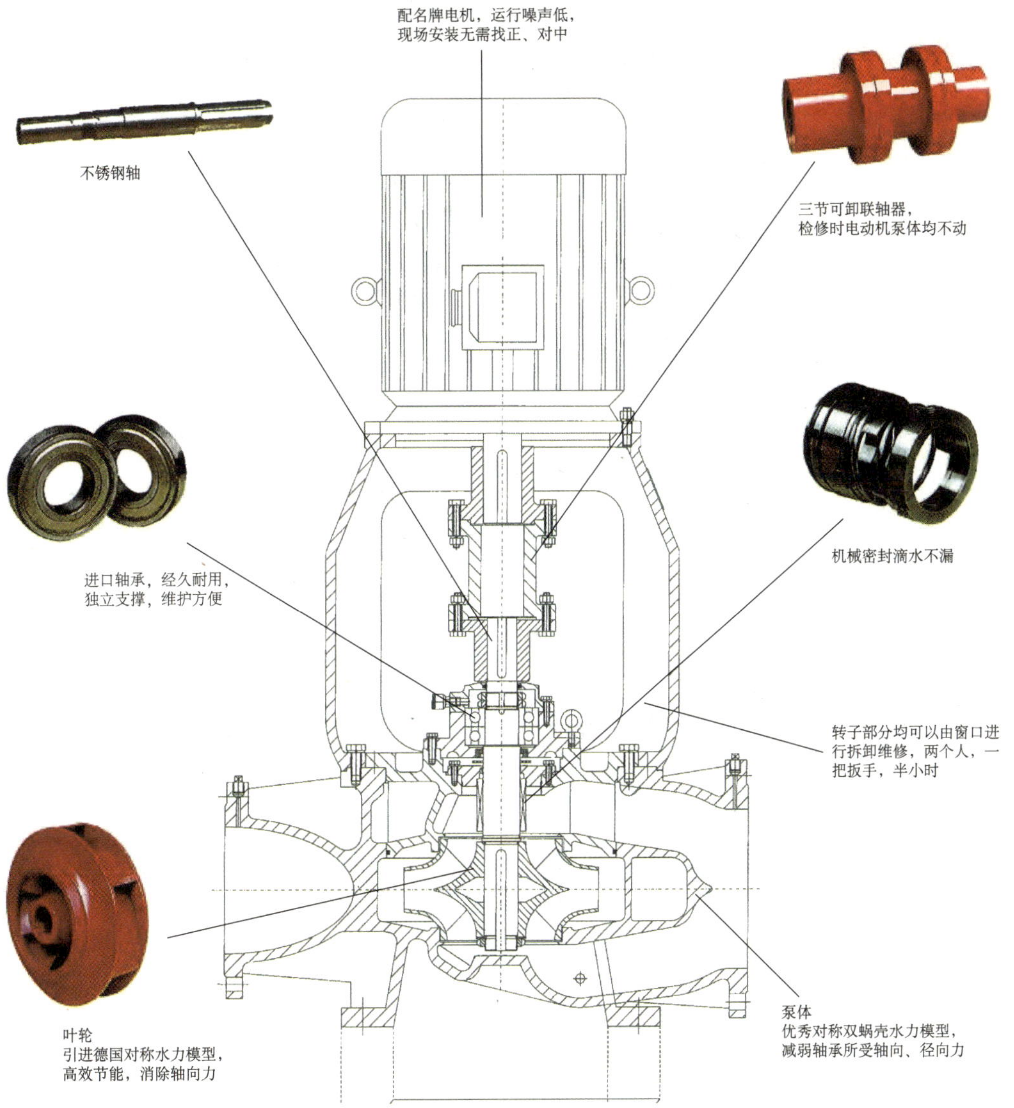

图 2-10　水布垭电厂离心泵主要部件及相关特性图

（2）长轴深井泵。长轴深井泵多数是一个立式单吸离心泵，其叶轮安装在井中动水位以下，动力机设置在井上，通过传动长轴驱动叶轮在导流壳内旋转，水流沿导流壳与叶轮之间的流道，经输水管向上提升到地面，扬程高时，可采用多个叶轮串联的多级离心泵。由于长轴深井泵传动长轴制造和安装精度要求较高，效率随深井增加显著降低，因此一般只用于不超过 100m 的深井，WQ 型排污潜水泵如图 2-11 所示。

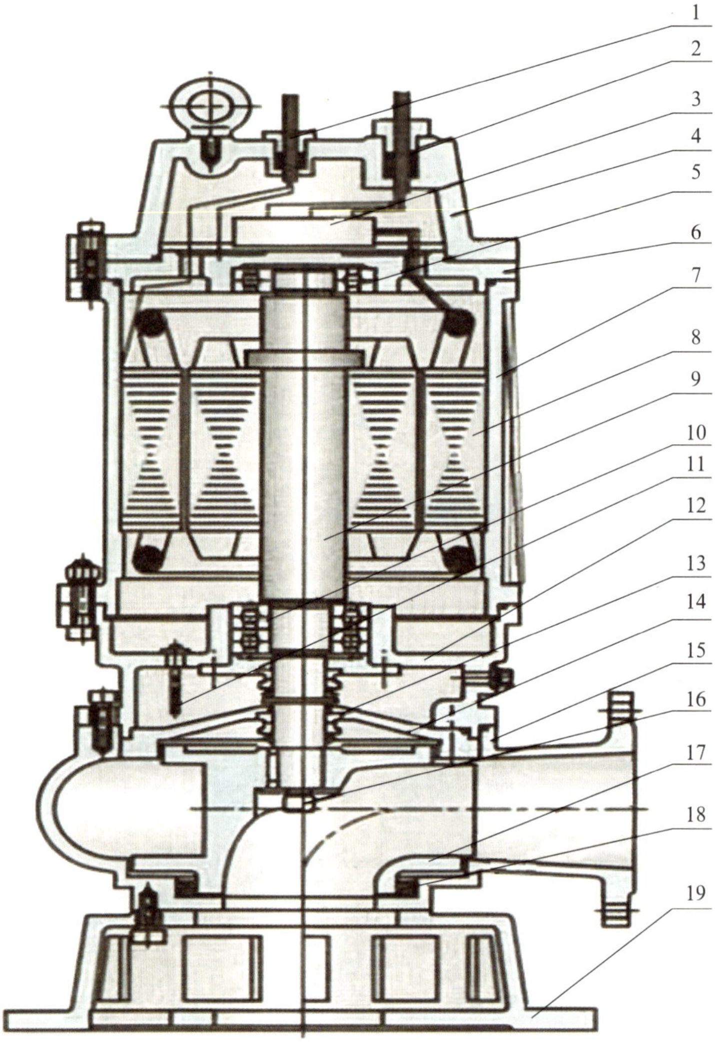

图 2-11　WQ 型排污潜水泵结构图

1—信号线；2—电极接线；3—接线盒；4—电机盖；5—轴承；6—上轴座；7—电机壳；8—钉子；9—轴（转子）；10—轴承；11—油水探头；12—油室；13—机械密封；14—后盖板；15—泵体；16—叶轮螺栓；17—叶轮；18—密封环；19—底盘

水电站中常用的深井泵类型如表 2-4 所示。

表 2-4　水电站常用的深井泵类型统计表

序号	渗漏泵	台数	检修泵	台数	潜水泵	台数
1	14RJLC × 3	2	20ELC × 2	2	QW25-26-3	
2	350JC/K340-14 × 3	2	20J1000 × 2	2		
3	400RJC450-30 × 3	3	500RJC1250-30 × 3	4	立式潜水排污泵	7

① 500RJC1000–29 × 2 型及 300RJC300–15 × 3 型深井泵技术参数见表 2–5 和表 2–6。

表 2–5　检修排水深井泵技术参数表

序号	水泵参数	水泵型号 500RJC1000–29 × 2
1	额定流量（m^3/h）	600 ～ 1100
2	扬程（m）	42 ～ 66
3	级数	2
4	转速（r/min）	1480
5	配套功率 P（kW）	185

表 2–6　渗漏排水深井泵技术参数表

序号	水泵参数	水泵型号 300RJC300–15 × 3
1	额定流量（m^3/h）	300
2	扬程（m）	42 ～ 45
3	级数	3
4	转速（r/min）	1460
5	配套功率 P（kW）	45

② 长轴立式检修排水深井泵和渗漏排水深井泵的主要技术参数见表 2–7 和表 2–8。

表 2–7　检修排水深井泵技术参数表

序号	水泵参数	长轴立式深井泵
1	额定流量（m^3/h）	1250
2	额定效率（%）	≥ 80.0
3	最大扬程（m）	90.0
4	额定效率（m）	108.0
5	最小扬程（m）	55.5

表 2–8　渗漏排水深井泵技术参数表

序号	水泵参数	长轴立式深井泵
1	额定流量（m^3/h）	450
2	额定扬程（m）	90.0
3	额定效率（%）	≥ 79.0
4	最大扬程（m）	105.0
5	最小扬程（m）	75.0

水电站所有长轴深井泵详细设备参数可参照以下机械行业标准：

《长轴离心深井泵　效率》（JB/T 3565—2006）

《长轴离心深井泵　型式与基本参数机械标准》（JB/T 3564—2006）

《长轴离心深井泵　技术条件》（JB/T 443—92）

隔河岩电厂深井泵技术参数

鉴于高坝洲电厂选用渗漏泵、检修泵类型、型号与水布垭电厂所选用类型完全相同，故不在此赘述。

2.5.4　排污潜水泵

水电站排污潜水泵的总体结构、安装形式一致，以下以水布垭电厂排污潜水泵为例进行介绍：

水布垭电厂分别在 209m 高程安装 4 台、176.5m 高程安装 3 台排污潜水泵，采用 WQ 型污水污物潜水电泵的安装形式：固定式自耦安装。

自耦安装用地脚螺栓采用 JB/ZQ4362-2006 或 GB799-88 标准地脚螺栓，实行二次浇筑预埋，二次浇筑最好采用树脂混凝土。

WQ 型排污潜水泵结构如图 2-12 所示。

1. 安装前的准备与检查

（1）泵池自耦底座的安装的基础应按施工图建造好，地脚螺栓的安装位置应正确。基础高度应满足设计要求并符合产品安装图纸的尺寸要求，以确保泵的吸入口与池底有一定的悬空高度。安装基础应牢固，安装面应水平并平整。

（2）地脚螺栓应采用两次浇灌方式，并预留地脚螺栓浇灌位置孔，其位置应符合自耦底座螺孔尺寸与设计要求，待自耦底座就位时，将地脚螺栓按要求放置在孔内，并固定好后浇灌水泥，等水泥干固无松动后，再进行其他零部件的安装。

2. 电泵安装工艺

（1）将自耦底座吊入泵池并安装到安装基础上，应确保位置正确。必要时应做调整，使耦合面方向正确，端面与水平面垂直，地脚螺栓定位后浇灌水泥，等水泥干固无松动后，再进行其他零部件的安装。

（2）将自耦装置出水口上的管道吊装到自耦底座上，在法兰平面上应安装橡胶密封垫，将输水管用平垫圈、弹簧垫圈、螺栓和螺母拧紧。必要时将法兰与输水管子做切割与焊接，进行管道的连接调整（管子与法兰点焊连接，以备安装时作方向位置调整，待正确后再满焊接，确保焊接牢固，无泄漏）。

（3）将自耦装置的两根导杆安装在耦合底座两个导轨的定位销上，上端采用托架

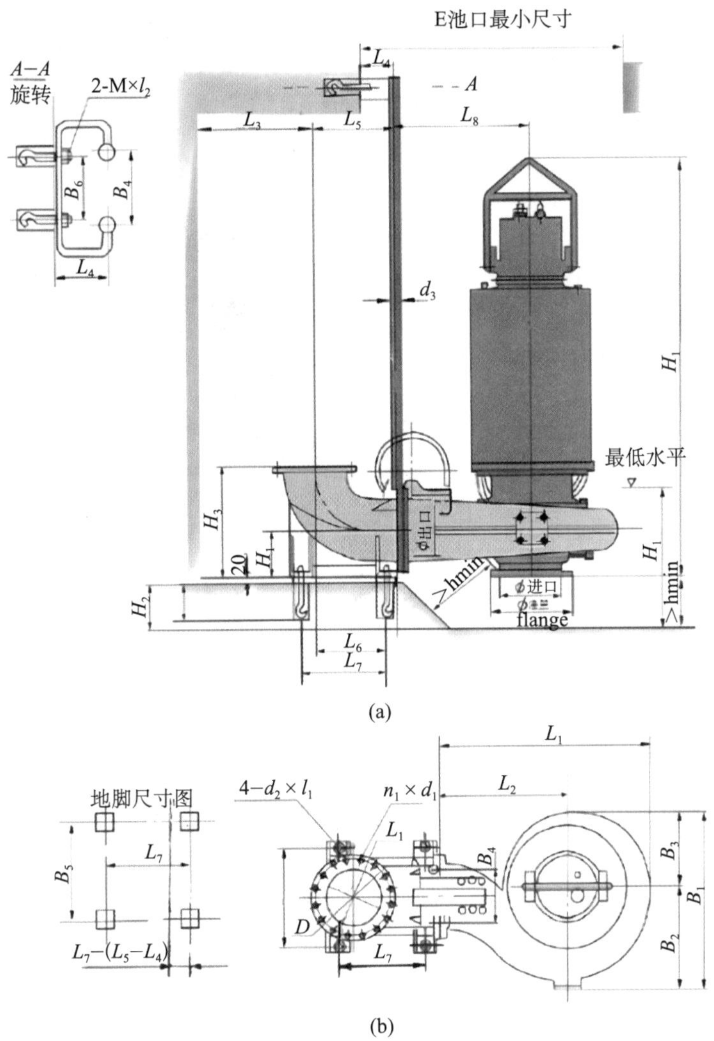

图 2-12　WQ 型排污潜水泵结构图

（或中托架）定位，并应使两导杆平行并与水平面垂直。将托架固定在水池上口的池边或固定在出水管道外壁上。其方法可根据设计院的图纸或产品安装图而定。一般采用预埋螺栓或焊接，也可使用抱箍卡紧固定。其安装应使两导轨与管道法兰、池口壁边有一定间距，以保证使泵夹板在泵安装吊装时应无卡阻现象。同时两导杆应能正确引导电泵下降到自耦装置上，或者提升时能起吊出泵池。

3. 电泵安装

（1）将电泵的电缆（电源、控制两电缆）整理好，并防止滑入水池。需检查电泵的动力电缆的绝缘性能与控制线信号的电阻值，应符合相关要求。电缆线外表应无破损。

（2）将电泵用起重设备吊到泵自耦安装位置上方。

（3）将电泵的泵出水口方向对准自耦的结合面方向，并使泵夹板两引导槽对准并放入托架与两导杆内，徐徐下降安装。

（4）将电泵放下后，使电泵自动耦合到自耦底座上，待结合好后，使吊钩松脱，潜水泵安装示意图如图 2-13 所示。

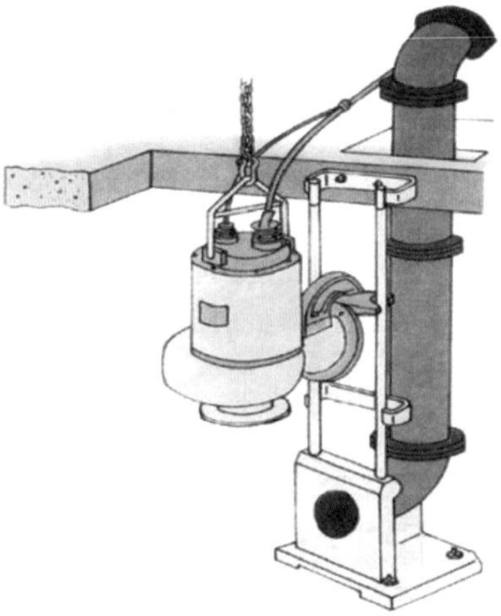

图 2-13　潜水泵自动耦合装置安装示意图

4. 电泵安装的质量检查

（1）检查自耦结合面是否贴合（目测），结合面应无缝隙。

（2）检查电泵耦合后是否正直（目测），结泵应无明显歪斜现象。

（3）检查泵夹板下端面与自耦底座是否有间隙，应有一定的间隙（目测）。如果无间隙，应加以调整。

（4）检验合格后安装电泵电缆线，先将线缆绳的一端固定在电泵吊环上，再将电缆线与缆绳绑捆扎好，将缆绳收紧并在池口固定好，使电泵的电缆线无松动现象，防止电缆线在水池内摆动与吸入水泵内。

（5）将电泵电缆接至电控柜（端子箱或控制柜），电泵的接地线必须可靠接地。

（6）应再次进行电控柜、电泵绝缘检查，应符合要求。

（7）在管道安装完毕后，水池即可以放水，在水池的水源条件具备后，方可进行电泵试运行。

（8）检查电控柜是否可以送电，当电控柜送入电源，检查电控柜各指示灯是否正常，应正常。

（9）启动电泵，观察电泵正、反转与运行情况，并做好随时停机准备。如反转应停机并调整电泵相位使其正转。

（10）检查电泵运行情况以及管道安装的质量是否存在漏水与振动。

（11）检查电泵出水情况，如流量、扬程、运行电流是否都正常，运行是否有异常振动与噪声。

（12）当电泵试运行一切正常后，即安装调试完毕。

自动耦合安装如图 2-14 所示。

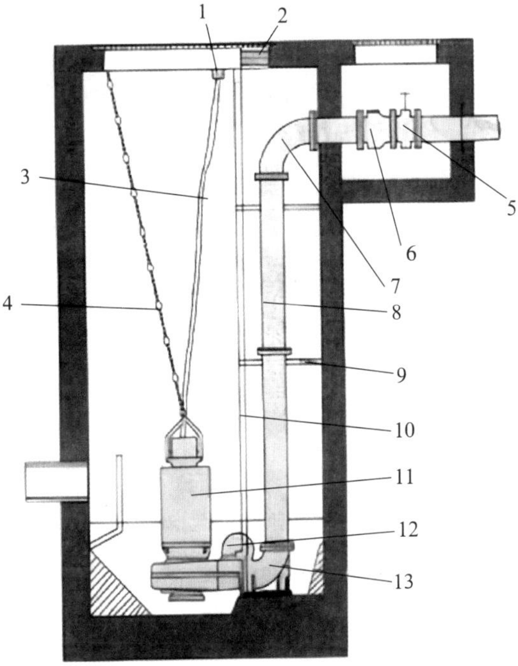

图 2-14　自动耦合安装

1—穿电缆管；2—托架；3—动力及控制电缆；4—吊链；5—阀门；6—止回阀；7—弯头；8—出水管；9—导轨中间支承；10—导轨；11—潜水泵；12—泵夹板；13—自耦底座

第3章 辅助机械部分检修标准及检修工艺

水电站检修标准及工艺按照各个电厂设备不同，分为技术供水机械部分、厂外排水泵机械部分、其他相关设备机械部分。

3.1 水电站技术供水主管路机械部分滤水器检修工艺及检修标准

3.1.1 ZLSG-B（ZLSG）型全自动滤水器技术供水系统机械部分滤水器检修工艺流程

（1）打开观察孔作业内容和质量控制表（见表3-1）

表3-1 打开观察孔作业内容和质量控制表

序号	内　容
1	拆卸观察孔堵板螺栓 注意事项：将螺栓松掉后，将观察孔密封别开一小口，看看是否有水流出，如有少量水流出，应提前将积水排空
2	拆卸观察孔堵板

（2）滤水器电机拆卸（见表 3–2）。

表 3–2　滤水器电动机拆卸作业内容和质量控制表

序号	内　容
1	拆卸电动机前做好标记。本作业内容涉及关键过程控制点 S1，具体见表 3-7
2	拆卸电动机连接螺栓
3	起吊电动机 注意事项：拆卸时做好标记，起吊电机时注意协同配合，平稳起吊
4	拆解电机底座

（3）滤水器拆解主轴密封（见表 3–3）。

表 3–3　滤水器主轴密封拆卸作业内容和质量控制表

序号	内　容
1	拆卸主轴密封压板螺栓 注意事项：拆卸螺栓时尽量避免螺栓滑丝
2	拆卸密封压板，取出密封

（4）滤水器顶盖拆卸（见表 3–4）。

表 3–4　滤水器顶盖拆卸作业内容和质量控制表

序号	内　容
1	拆卸滤水器顶盖前做好标记
2	拆卸顶盖连接螺栓
3	起吊顶盖 注意事项：起吊顶盖时注意协同配合，平稳起吊

（5）滤水器滤筒拆卸（见表 3–5）。

表 3–5　滤水器筒拆卸作业内容和质量控制表

序号	内　容
1	拆卸滤水器顶盖前做好标记。本作业内容涉及关键过程控制点 S2，具体见表 3-7
2	拆卸顶盖连接螺栓

续表

序号	内　容
3	起吊顶盖 注意事项：起吊顶盖时注意协同配合，平稳起吊

（6.）滤水器回装（见表 3–6）。

表 3–6　滤水器回装作业内容和质量控制表

序号	内　容
1	回装滤筒，滤筒压板螺栓一定要保证紧固。本作业内容涉及关键过程控制点 S3，S4，具体见表 3-7
2	回装顶盖，顶盖密封条使用 7mm 密封胶条
3	回装主轴轴向密封，轴向密封使用 4mm 密封胶条
4	回装电动机

3.1.2　ZLSG-B（ZLSG）型全自动滤水器技术供水系统机械部分检修标准

ZLSG–B（ZLSG）型全自动滤水器技术供水系统机械部分检修标准见表 3–7。

表 3–7　ZLSG–B（ZLSG）型全自动滤水器技术供水系统机械部分检修标准表

序号	作业名称	作业内容	注意事项及质量要求	W/H/S 点	工作负责人签字
1	分解电动机与传动轴连接装置	拆卸电动机连接螺栓	测量做好记号，检查传动装置及键是否完好，键槽是否有磨损需要打磨	S	
2	分解取出滤水器内过滤桶及传动轴	拆卸过滤桶及传动轴	过滤桶（网）有无破损，传动轴有无变形。传动轴回装时应注意安装是否到位	S	
3	回装滤水器各连接传动装置	手动盘车	手动盘车轻松，摩擦装置动作灵活	S	
4	过滤器充水电气自动冲洗动作试验	滤水器反冲实验	电动机、减速器、齿轮箱工作正常，自动排污阀开关准确	S	
合计	关键过程：4 个				

3.1.3 FZLQ 型自动滤水器技术供水系统机械部分滤水器检修工艺流程

（1）打开观察孔（见表 3-8）。

表 3-8 打开观察孔作业内容和质量控制表

序号	内　容
1	拆卸观察孔堵板螺栓。注意事项：将螺栓松掉后，将观察孔密封别开一小口，检查是否有水流出，如有少量水流出，应提前将积水排空
2	拆卸观察孔堵板
附图 	

（2）技术供水管路排水（见表 3-9）。

表 3-9 技术供水排水作业内容和质量控制表

序号	内　容
1	通过技术供水观察孔观察滤水器水位
2	关闭进水阀
3	打开排污阀 x204-1、x1204-2
4	打开 x204-3 阀，将滤水器内余水排入集水井 注意事项：通过滤水器观察孔，水位下降至检修孔以下后，方可进行下一步检修

（3）电动机保养（见表 3-10）。

表 3-10 电动机保养作业内容和质量控制表

序号	内　容
1	观察电动机润滑脂标尺

续表

序号	内　　容
2	松开电动机润滑脂加注口塑料螺母 注意事项：做好电动机与滤水器上端盖的记号 本作业内容涉及关键过程控制点 S3，具体见表 3-12
3	加注润滑脂至标尺以上，拧紧塑料螺母

（4）滤水器解体（见表 3–11）。

表 3–11　滤水器解体作业内容和质量控制表

序号	内　　容
1	拆除减速机与滤水器上端盖固定螺栓
2	拆卸联轴器后，取出电机与减速机 注意事项：拆卸减速机与电动机时，应在减速机与滤水器上端盖连接处做好标记；起吊减速机时，尽量做到垂直起吊，避免损坏轴向密封。 本作业内容涉及关键过程控制点 S1，具体见表 3-12
3	拆卸滤水器上端盖连接螺栓并吊出上端盖
4	拆卸滤网压板及固定杆。本作业内容涉及关键过程控制点 S2，具体见表 3-12
5	取出滤网

3.1.4　FZLQ 型自动滤水器技术供水机械部分滤水器检修标准

FZLQ 型自动滤水器技术供水机械部分滤水器检修标准见表 3–12。

表 3–12　FZLQ 型自动滤水器技术供水机械部分滤水器检修标准表

序号	作业名称	作业内容	注意事项及质量要求	W/H/S 点
1	分解减速器与传动轴连接装置	拆卸联轴器	测量做好记号，检查传动装置及键是否完好。键槽是否有磨损需要打磨	S1
2	打开滤水器观察孔门取出过滤桶	拆卸过滤桶及堵板	过滤桶（网）有无破损，传动轴有无变形。传动轴回装时应注意安装是否到位；回装观察孔堵板时，更换合适的 O 型密封圈	S2
3	回装滤水器各连接传动装置	手动盘车	手动盘车轻松，摩擦装置动作灵活	S3

续表

序号	作业名称	作业内容	注意事项及质量要求	W/H/S 点
4	过滤器充水电气自动冲洗动作试验	滤水器反冲实验	电动机、减速器、齿轮箱工作正常，自动排污阀开关准确	S4
5	滤水器电机润滑脂更换	观察电机润滑脂颜色，根据颜色确定润滑脂是否需要更换	由于油箱盖为塑料材质，应小心松开，润滑脂加注不宜过多；更换完成后，手动拧紧	S5
6	水控阀解体检查	解体检查水控阀橡胶膜片、弹簧是否完好，更换端盖指针处O型密封圈，清扫其他部件	解体前做好标记，对水控阀上端指针处O型密封圈应选择合适，且安装两个；橡胶膜片轴孔及边缘处无破损、裂痕，无硬化；弹簧弹性良好，无磨损	S6
合计	关键过程：6个			

3.1.5 滤水器常见故障及处理方法

滤水器常见故障及处理方法见表3-13。

表3-13 常见故障及处理方法表

常见故障	原因	处理方法
阀门无法开启	入口压力不足	核查/增加阀前压力
	系统水流太小	增加用水量/流量
	减压导阀弹簧压力不够	顺时针调节减压导阀上的螺栓，增加弹簧压力
	断路器关闭	打开断路器阀
阀门无法关闭	过滤器堵塞	对过滤器进行反冲洗
	针阀关闭或被堵塞	清洗或调节针阀
	断路器阀关闭	打开断路器阀
	减压导阀弹簧压力过大	逆时针调节减压导阀上的螺栓，减小弹簧压力
	杂质堵阀	移开并检查传动装置，检查、清除杂质
	隔膜漏水	打开阀盖，检查阀体，仍漏水，则说明隔膜损坏

续表

常见故障	原因	处理方法
阀门无法调节	针阀调节错误	出厂时针阀被调节在 1.5 圈开度，重新调节针阀
	隔膜和导阀感应腔有油	联系厂家处理
排污阀关闭不严	滤水器压力下降	手动关闭
	可能机械限位太紧，应调节机械限位螺栓	完全松开限位螺栓，手动全关阀门到位时拧入限位螺栓，顶到拨盘后，退回 1 ～ 2 圈即可，锁紧限位螺栓上的螺母，将限位螺栓固定
滤水器前电动阀无法开启	阀板前后受压不同、压差大所致	采取平压措施
排污阀过力矩	杂物卡堵引起阀门过力矩	手动启闭阀门，杂物被冲走或剪断，消除引起阀门过力矩

3.2 水电站止回阀检修工艺及检修标准

（1）逆止阀解体检修作业内容（见表 3–14）

表 3–14　止回阀解体检修作业内容表

序号	内　容
1	拆卸阀盖固定螺栓，拆卸时应注意有螺杆损坏的应及时更换。本作业内容涉及关键过程控制点 S1，具体见表 3–15
2	拆卸阀盖
3	拆卸密封膜上压板固定螺栓，拆卸上腔膜时应注意，保护密封膜与固定螺杆部位
4	拆卸上压板
5	取出密封膜，不要出现破损或断裂，膜取出后检查是否有破损和开裂的情况，如果有应需及时更换。本作业内容涉及关键过程控制点 S2

续表

序号	内　容
6	拆卸密封膜下压板
7	拆卸止回阀上腔座固定螺栓
8	拆卸上腔座
9	取出弹簧。本作业内容涉及关键过程控制点 S3
10	取出阀杆及阀板。本作业内容涉及关键过程控制点 S4
附图	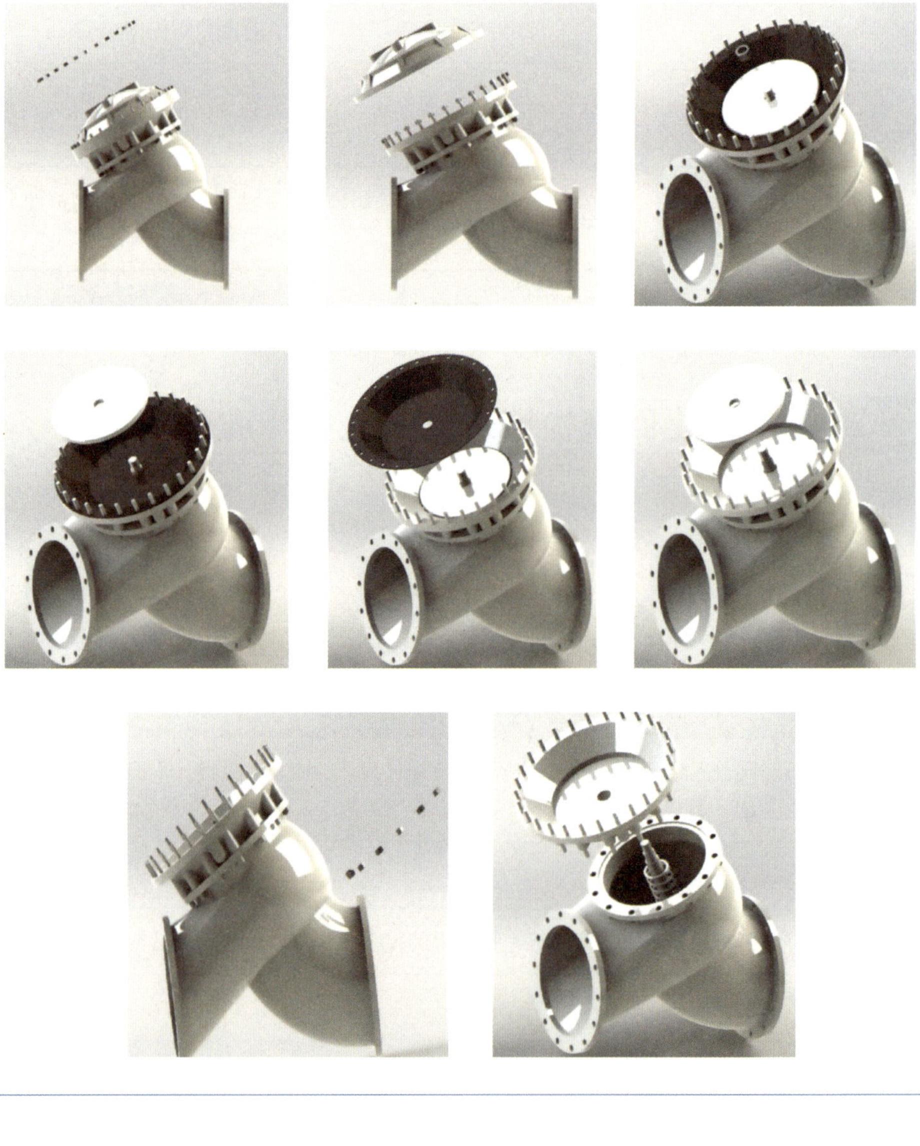

（2）水电站止回阀阀检修标准见表3–15。

表3–15　水电站止回阀阀检修标准表

序号	作业名称	作业内容	注意事项及质量要求	W/H/S点	工作负责人签字
1	拆卸阀盖	拆卸止回阀阀盖	测量做好记号	S1	
2	取出密封膜	取出止回阀上腔密封膜	取出密封膜时应注意，保护密封膜与固定螺杆部位。不要出现破损或断裂。膜取出后检查是否有破损和开裂的情况，如果有需及时更换	S2	
3	取出阀内部件	取出弹簧	检查弹簧弹性是否良好，是否有裂纹或断裂情况出现	S3	
4	取出阀内部件	取出阀板与阀杆	检查阀杆与阀板链接是否有松动，阀板与阀体接触面的密封是否有破损或脱落	S4	

（3）水电站技术供水水泵检修工艺内容（见表3–16和表3–17）。

表3–16　水电站技术供水水泵拆卸检修内容表

序号	内　容
1	拆卸电机固定螺栓
2	拆卸水泵中间联轴器螺栓，并将中间联轴器取出
3	将技术供水水泵电机吊出
4	拆卸水泵电机支座螺栓
5	将水泵电机支座吊出
6	拆卸水泵联轴器泵
注意事项：拆卸电机及中间联轴器时，注意做好标记，避免回装时出现安装位置发生变化的情况发生	

表3–17　水电站技术供水水泵机械密封更换质量控制表

序号	内　容
1	拆卸水泵轴承压盖，并更换内部两套滚动轴承

续表

序号	内　容
2	拆卸机械密封上段压盖，并更换压盖内机械密封静环
3	拆卸除机械密封基座以外的机械密封零部件，并对机械密封基座进行清理
4	按照先拆后装的原则进行回装
注意事项：对所有密封部件进行更换，并对机械密封备件进行细致检查，避免出现安装误差，相关密封安装前，应及时清扫与密封接触的部件表面，避免影响密封效果	

（4）水电站技术供水水泵检修标准（见表 3-18）。

表 3-18　水电站技术供水水泵检修标准表

序号	作业名称	作业内容	注意事项及质量要求	W/H/S 点	工作负责人签字
1	拆卸水泵电机	水泵电机起吊前	测量做好记号	S1	
2	拆卸中间联轴器	取出中间联轴器	取出中间联轴器前，做好中间联轴器与电机联轴器、中间联轴器与水泵联轴器螺栓连接部分的记号	S2	
3	取出机械密封上端压盖	更换机械密封静环	更换前，仔细清理端盖内密封接触面及静环限位指针槽内锈蚀，避免静环密封圈及指针安装不到位	S3	
4	机械密封部件回转	安装机械密封动环密封座	安装时，检查动环密封座止口应与机械密封基座止口错开，避免机械密封运行时，弹簧无法压缩到位	S4	
5	中间联轴器回装	中间联轴器的安装与调整	中间联轴器回装后，应先将电机联轴器与中间联轴器连接螺栓压紧，通过调节中间联轴器与水泵联轴器螺栓，调节水泵轴线，完成后，手动盘车，中间联轴器旋转 1 周，无卡涩现象，即为合格。应符合现行国家标准《机械设备安装工程施工及验收通用规范》的规定：深井泵泵组装后，泵轴转动应无卡阻现象；轴向窜动量应符合设计要求		
合计	关键过程：4 个				

3.3 水电站深井泵检修工艺及标准

3.3.1 水电站深井泵检修工艺流程

水电站深井泵主要应用于机组检修排水、渗漏排水两大类。鉴于各类水电站深井排水泵型号不同，但总体结构、运行方式均相同，故在此不做分别介绍。以下就以 SBY 电厂检修排水泵为例进行介绍。

（1）拆卸水泵电机连接部分（见表 3-19）。

表 3-19　拆卸水泵电机连接部分质量控制表

序号	作业名称	内　容
1	拆卸水泵电动机防尘盖	使用 12in 活动扳手将深井泵电机防尘罩 2 颗固定螺栓拆卸
		注意事项：拆卸水泵电机防尘罩时，注意防止其掉落损坏
2	手动盘车	手动旋转深井泵联轴器
		注意事项：手动逆时针盘车，确认检修泵修前工况
3	拆卸水泵提轴螺母，测量高度并记录	拆卸水泵提轴螺母固定螺栓使用 12in 活动扳手。在拆卸螺母前应使用管钳（300 或 500）在水泵水封处卡住泵轴，使泵轴不能逆时针旋转。在拆卸时应对螺母安装高度进行测量并记录
4	拆卸联轴器	拆卸水泵联轴器固定螺栓，使用 12in 活动扳手，和 12m 吊耳对其进行起吊
		注意事项：起吊时应注意保护键销不被损坏，防止联轴器掉落
5	松开电机提轴螺母锁片，测量电动机提轴螺母高度	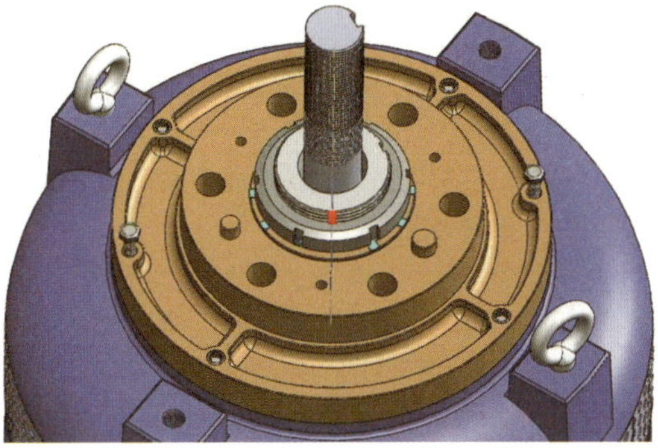
		注意事项：使用手锤和夹柄起子（300）配合敲击锁片锁紧处致其松开。拆卸电机提轴螺母前，应记录原提升高度

续表

序号	作业名称	内　　容
6	拆卸电机提轴螺母，取出锁片	使用夹柄起子逆时针旋转电机提轴螺母，取出提轴螺母和锁片
7	拆卸止推盘及键销	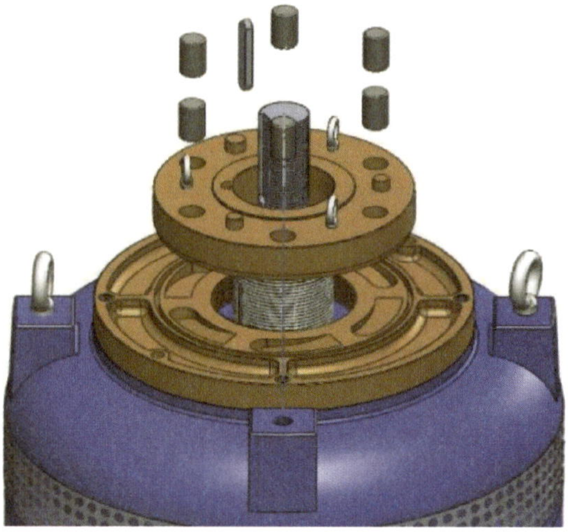 注意事项：拆卸止推盘使用16m吊耳，在拆卸时使用铜棒敲击振动止推盘，同时桥机点动提升
作业结束：收好工具，工完场清		

（2）拆卸电机（见表3–20）。

表3–20　拆卸电机质量控制表

序号	作业名称	内　　容
1	拆卸电机固定螺栓防护网	拆卸电机固定螺栓防护网，使用常规电工工具一字起。拆卸后注意收好防护网固定螺栓
2	拆卸电机固定螺栓	拆卸电动机固定螺栓，使用30～32梅花扳手。拆卸时注意是否有加铜片，如果有，要做好相应记录
3	起吊电机	起吊电机做好相应的防护措施
作业结束：收好工具，工完场清		

（3）拆卸泵座（见表 3–21）。

表 3–21　拆卸泵座质量控制表

序号	作业名称	内　容
1	使用 10t 千斤顶顶住出口伸缩节法兰	架设千斤顶（10t），位置应为出口管与伸缩节连接路法兰正下方，千斤顶顶升至法兰面受力即可
2	拆卸出口管路联接螺栓	拆除出口管路联接螺栓，使用 32 ～ 36 梅花扳手或 14in 以上活动扳手，拆除后取出密封垫
3	拆卸润滑水水管	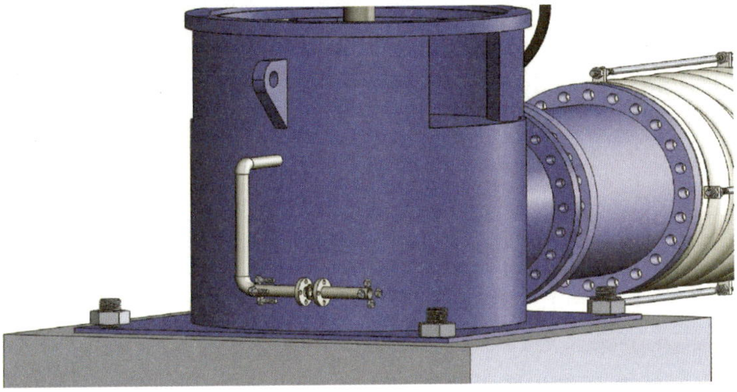
		注意事项：拆除水泵润滑水水管，使用 12in 活动扳手和 300mm 管钳。拆卸结束后，收好相应零部件
4	拆卸电动机座固定螺母	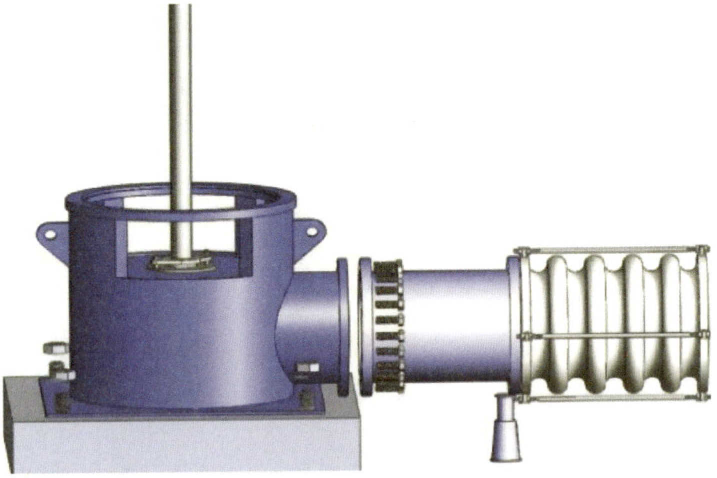
		注意事项：拆卸电动机座固定螺母，使用 65 特制敲击把手或 1200mm 管钳

续表

<table>
<tr><th>序号</th><th>作业名称</th><th>内容</th></tr>
<tr><td rowspan="2">5</td><td rowspan="2">拆除水封压板及挡水环</td><td>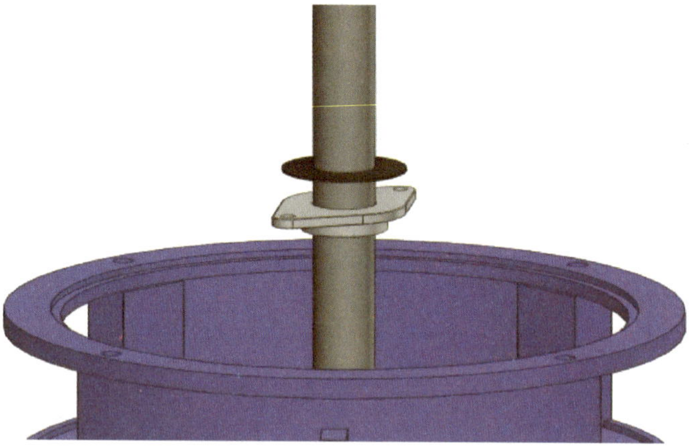</td></tr>
<tr><td>注意事项：拆卸水封压板及挡水环，使用 12in 活动扳手</td></tr>
<tr><td>6</td><td>起吊泵座</td><td>起吊泵座时应注意，泵座下是否有加铜片或橡胶垫，要做好相应记录。起吊前泵座，周围如果有新增水泥平面，注意敲掉后再进行起吊</td></tr>
<tr><td colspan="3">作业结束：收好工具，工完场清</td></tr>
</table>

（4）分离泵座与扬水管（见表 3-22）。

表 3-22　分离泵座与扬水管质量控制表

<table>
<tr><th>序号</th><th>作业名称</th><th>内容</th></tr>
<tr><td rowspan="2">1</td><td rowspan="2">泵座基础面架设枕木</td><td>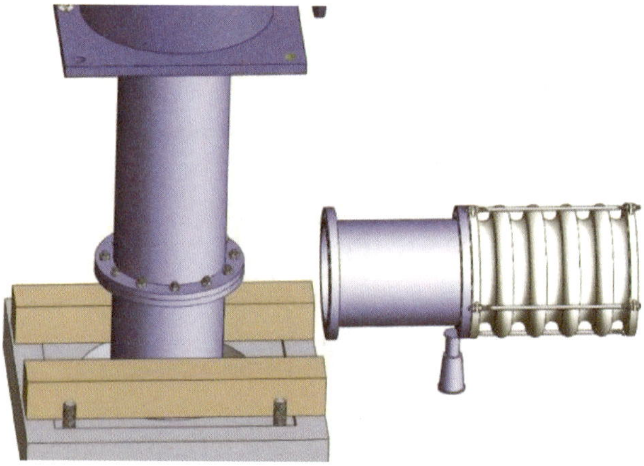</td></tr>
<tr><td>注意事项：泵座基础面架设方形枕木。枕木要求直径不小于 200mm，长度不小于 750mm</td></tr>
</table>

续表

序号	作业名称	内　容
2	泵座扬水管短管下端安装起吊卡环	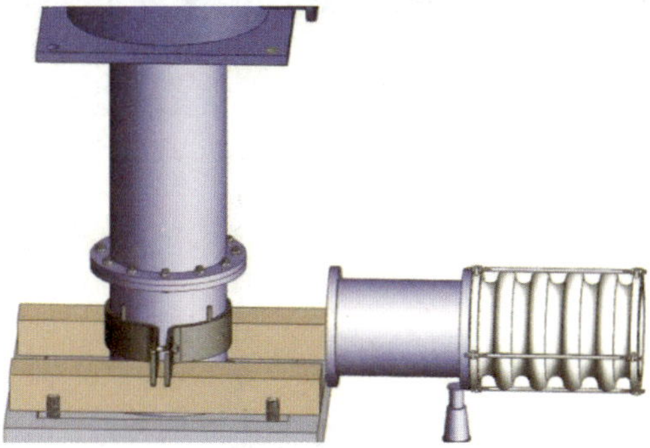
		注意事项：安装起吊卡环，安装时应注意保证每一个支架都能定在法兰面上，卡环固定螺栓需要上紧。安装工具使用 14in 活动扳手
3	落下泵座，全部力量放置在枕木上	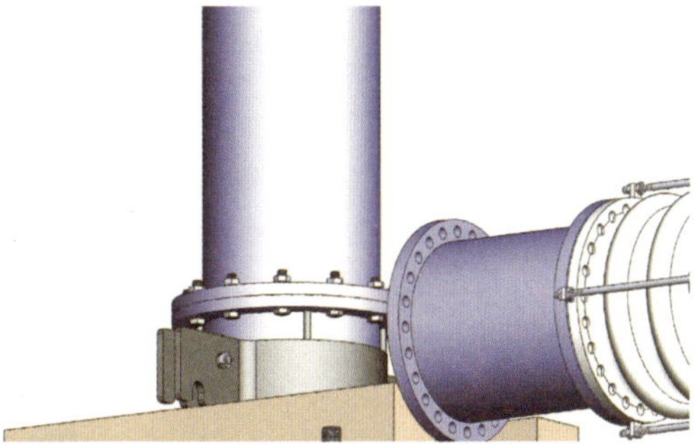
		注意事项：落下泵座至全部力量放置在枕木上，保证每个支架都顶在法兰面上（红框标示）。晃动钢丝绳，确定全部力量都已落在枕木上以后，才能进行螺栓拆卸
4	拆卸扬水管联接螺栓	拆卸扬水管连接螺丝，使用 30 ~ 32 活动扳手。拆卸时应注意避免螺母或螺杆掉落排水井
5	起吊扬水短管	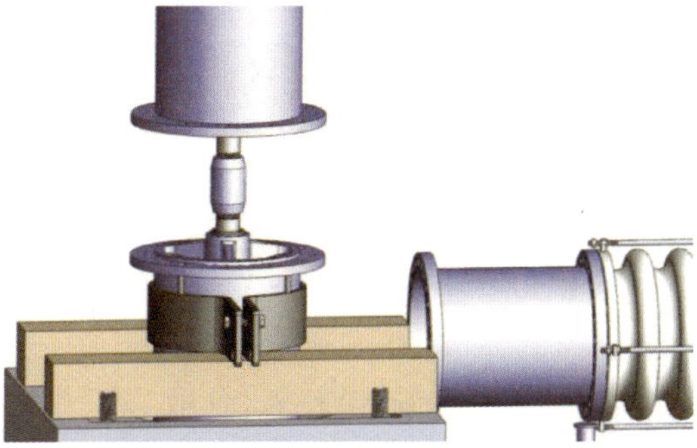
		注意事项：起吊扬水管，起吊前应检查螺栓是否全部拆除
作业结束：收好工具，工完场清		

（5）拆卸电机轴（见表 3–23）。

表 3–23　拆卸电机轴质量控制表

序号	作业名称	内　　容
1	拆卸电机轴，并使用胶皮垫遮盖管口	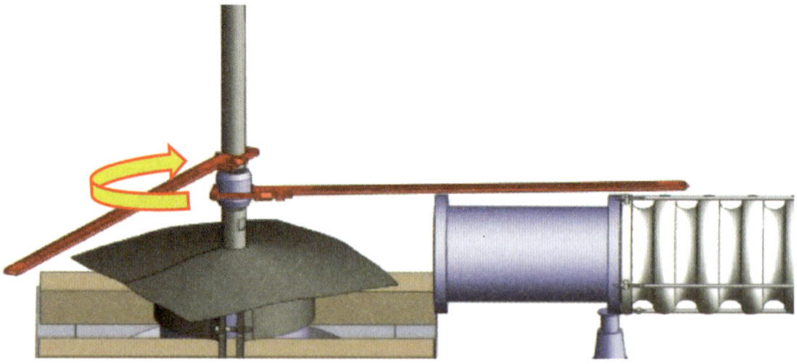 注意事项：拆卸电机轴并使用胶皮垫遮盖管口。拆卸电机轴要使用 1200mm 管钳。管钳卡住位置及旋转方向（上部管钳顺时针旋转，下部管钳逆时针旋转）如图所示，在拆卸前应使用胶皮垫覆盖扬水管关口，防止物品掉入扬水管。在拆卸水泵第一节长轴时，应注意在轴顶端挂设辅助绳索，防止电机轴在拆卸时倾覆
2	拆卸泵轴联轴器	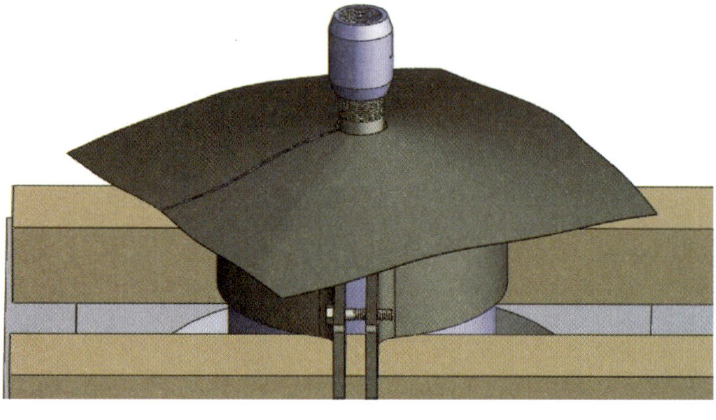 注意事项：拆卸泵轴联轴器，顺时针旋转联轴器对其进行拆卸。拆卸时注意防止联轴器意外掉落
3	拆卸水泵轴承支持架	拆卸水泵轴承支持架，使用 2 磅手锤由下至上敲打联轴器致其松动，再将其取出。如松动后取出时仍有较大阻力，可左右选择支持架
作业结束：收好工具，遮盖好扬水管管口，以免物品掉入扬水管		

（6）起吊叶轮（见表 3-24）。

表 3-24　起吊叶轮质量控制表

序号	作业名称	内　容
1	起吊叶轮管	
		注意事项：起吊叶轮管，做好钢丝绳与卡环的绑扎，注意好叶轮整体高度
作业结束：收好工具，工完场清。叶轮吊出后，使用方形枕木对检修井进行封堵，以免人员坠入		

（7）回装叶轮及最下部分扬水管内容（见表 3-25）。

表 3-25　回装叶轮及最下部分扬水管质量控制表

序号	作业名称	内　容
1	回装泵轮	安装拆卸的方法，反向回装泵轮
		注意事项：起吊作业，注意人身及设备安全
2	安装水泵轴承支持架	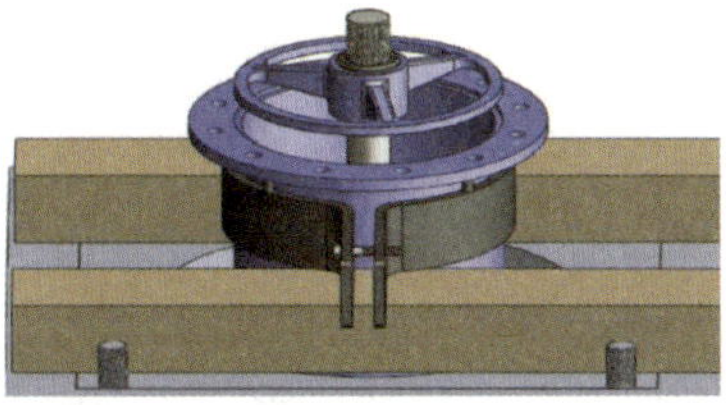 (a)  (b)
		注意事项：安装水泵轴承支持架，将支持架装入扬水管，在支持架止口处加黄油，用 3 磅手锤轻轻敲击支持架四周。保证支持架止口完全贴合

续表

序号	作业名称	内　容
3	使用胶皮的垫子遮盖扬水管口	使用胶皮的垫子遮盖扬水管口。胶皮垫厚度应大于 3mm，面积应略大于扬水管管口
4	安装水泵轴承联轴器	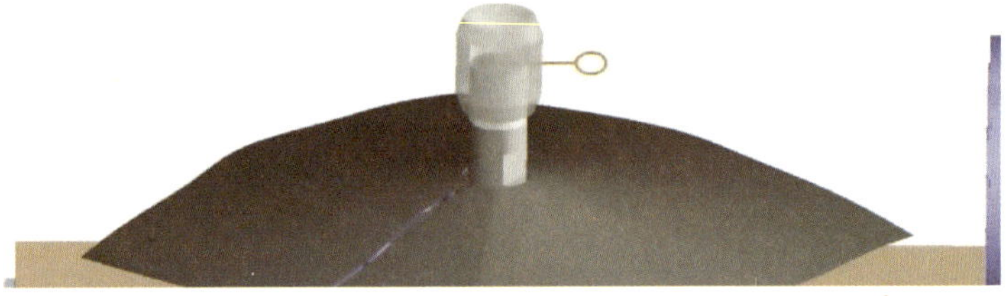 注意事项：安装水泵轴承联轴器。逆时针旋转联轴器至泵轴到达联轴器一半的位置（可使用细铁丝等工具插入联轴器分半空辅助判断）
5	安装水泵轴承（部分）	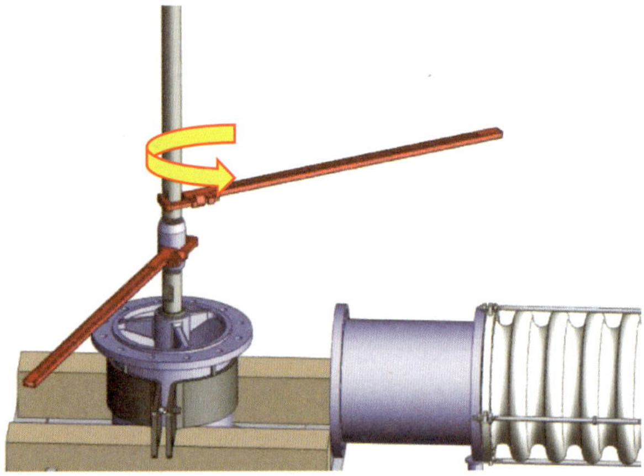 注意事项：安装水泵轴承（部分），将水泵轴承（部分）逆时针旋转装入联轴器。使用管钳（1200mm）上下卡住紧固
6	安装水泵扬水管	 注意事项：安装水泵扬水管。使用梅花扳手 30 ～ 32，棘轮 30

续表

序号	作业名称	内　容
7	提升扬水管	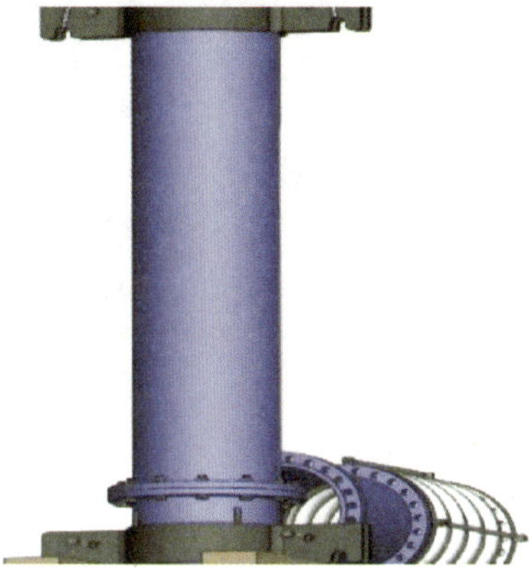
		注意事项：提升时注意钢丝绳与起吊管卡配合应牢固
8	拆卸起吊管卡	拆卸起吊管卡。拆卸时使用 14in 以上活动扳手或 32–36 梅花扳手。拆卸时应确认管卡已经完全不受力，管卡应随扬水管一起被提升离开枕木，拆卸管卡紧固螺栓时，应注意不要将手或身体其他部位放置在管卡下方，以免管卡落下被砸伤
9	落下扬水管放置在枕木上	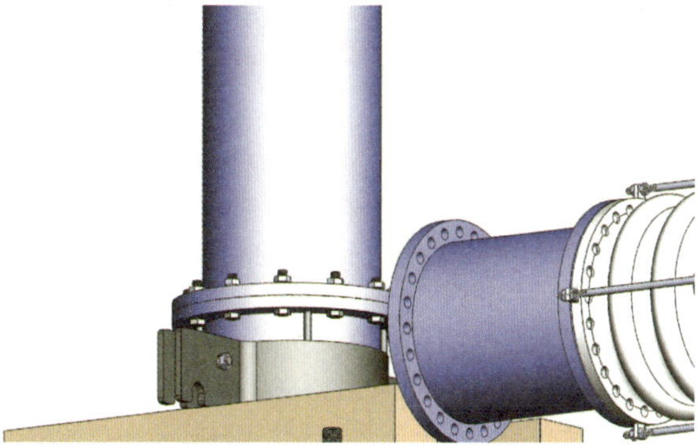
		注意事项：落下扬水管放置在枕木上。落下后，一定要确认泵的重量全部落在枕木上，才能进行下一步
作业结束：收好工具，工完场清		

（8）联接泵座和扬水管（见表 3–26）。

表 3–26　联接泵座和扬水管质量控制表

序号	作业名称	内　容
1	落下泵座及扬水管短管	吊落泵座及扬水管短管，落下时应注意不要与吊孔发生碰撞与摩擦

续表

序号	作业名称	内　　容
2	落下泵座	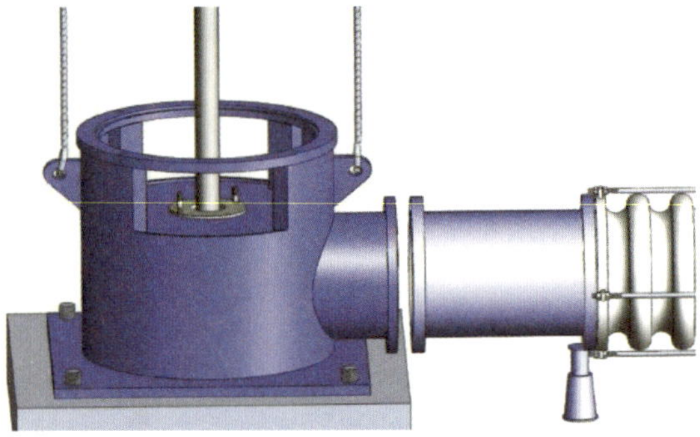 注意事项：落下泵座。泵座落下应保证泵座 4 个固定螺杆能均匀进孔，如果泵座下方有铜皮或橡皮垫的，应按修前进行还原
3	安装泵座固定螺栓，同时测量测水平	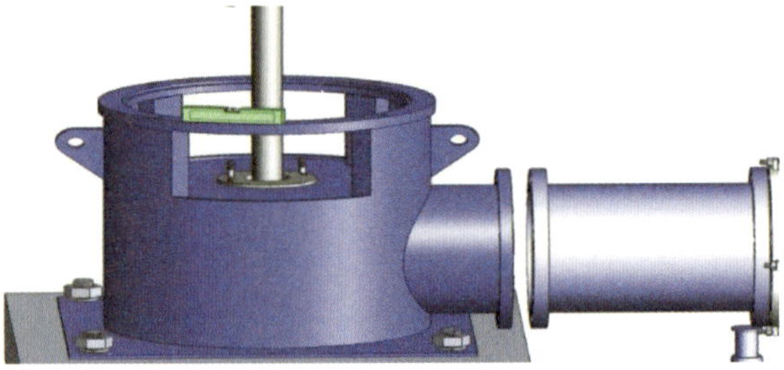 注意事项：安装泵座固定螺丝，同时测量测水平。使用 65 敲击扳手或 1200mm 管钳紧固水泵固定螺栓，同时在泵座对称的四个点上放置水平仪，以保证泵座的水平能恢复到修前状态，或者四个固定测量点上水平仪左右偏差值在 0.02mm 以内
4	安装出口管路联接螺栓，并更换密封垫	安装出口管路联接螺栓，并更换密封垫。使用 14in 活动扳手，或 32 ～ 36 梅花扳手，螺栓应对称紧固。如果没有配套成型密封垫，则使用 5mm 厚胶皮制作
5	安装润滑水管路，并更换密封垫	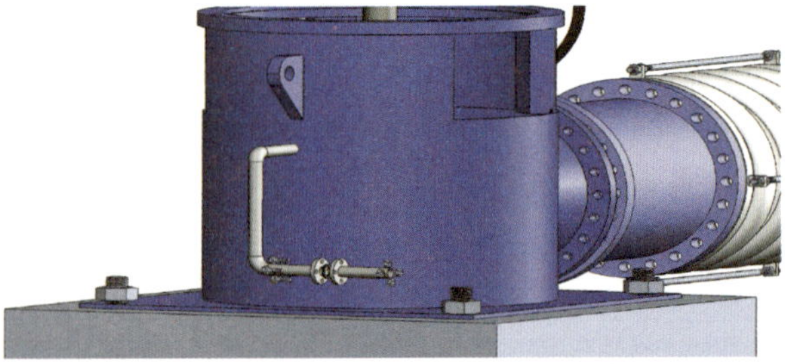 注意事项：安装润滑水管路并更换密封垫时，用 12in 活动扳手及 300mm 管钳。如果没有配套成型密封垫，则使用 5mm 厚胶皮制作

续表

序号	作业名称	内　　容
6	撤去出口管路下方千斤顶	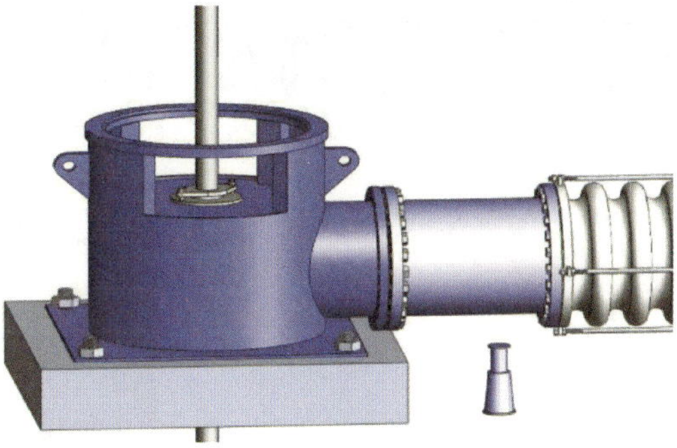
		注意事项：撤去出口管路下方千斤顶，恢复伸缩节至修前状态
作业结束：收好工具，工完场清		

（9）安装水封内容（见表 3–27）。

表 3–27　安装水封质量控制表

序号	作业名称	内　　容
1	安装新水封	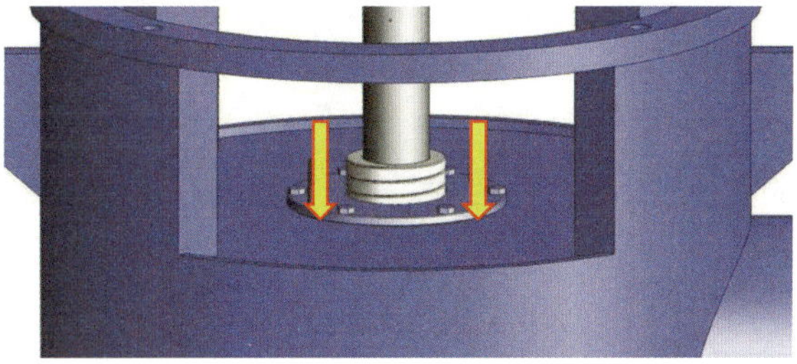
		注意事项：安装新水封。装入新水封油麻盘根，型号为 10×10mm。装入 3 层即可，如开机后漏水量较大可再加装一层
2	安装水封压板及挡水环	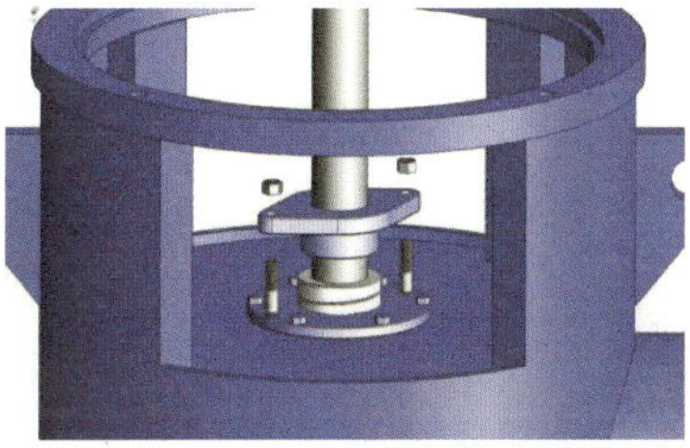 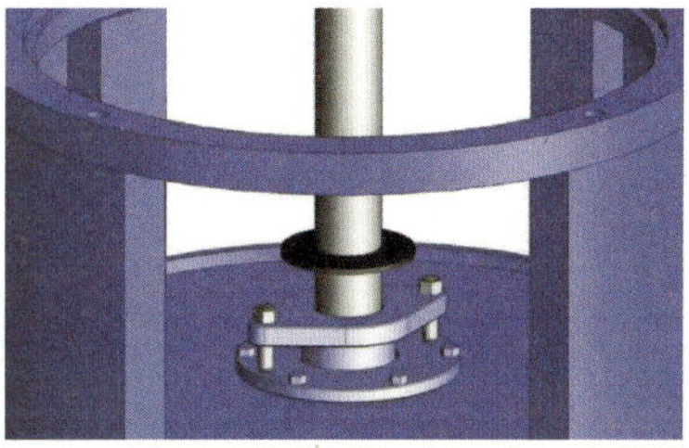
		注意事项：安装水封压板及挡水环。使用 12in 活动扳手上紧水封压板上的固定螺母，力度适中即可
作业结束：收好工具，工完场清		

（10）安装电机内容（见表 3-28）。

表 3-28　安装电机质量控制表

序号	作业名称	内　　容
1	吊入电动机	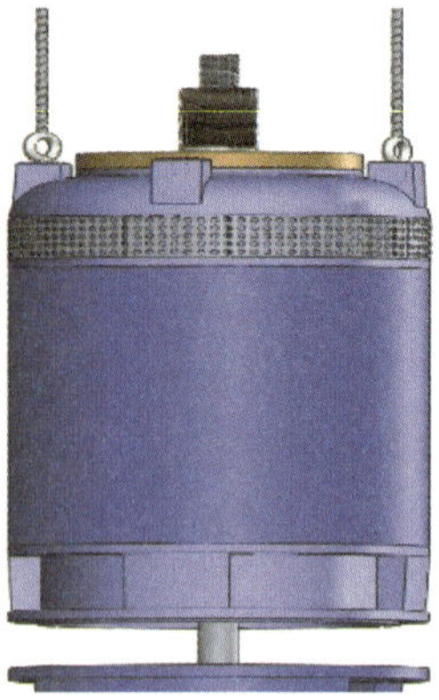 注意事项：吊入电动机。电机吊入时，注意不要与吊孔发生碰撞
2	安装电动机固定螺栓	使用 30 ～ 32 梅花扳手将电动机固定螺栓上紧 注意事项：电动机安装要保证电动机止口与电动机座完全贴合
3	安装止推盘	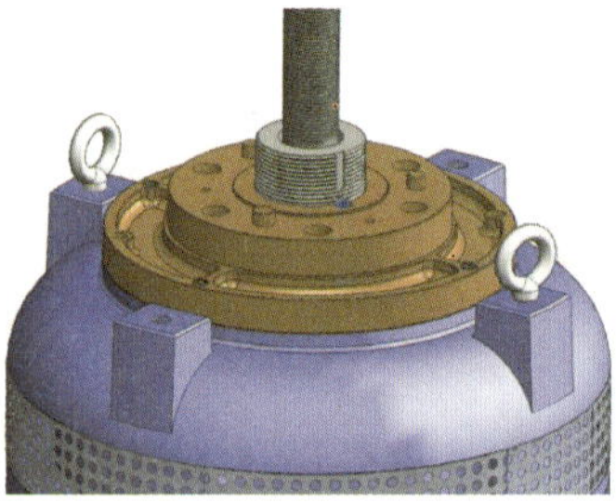 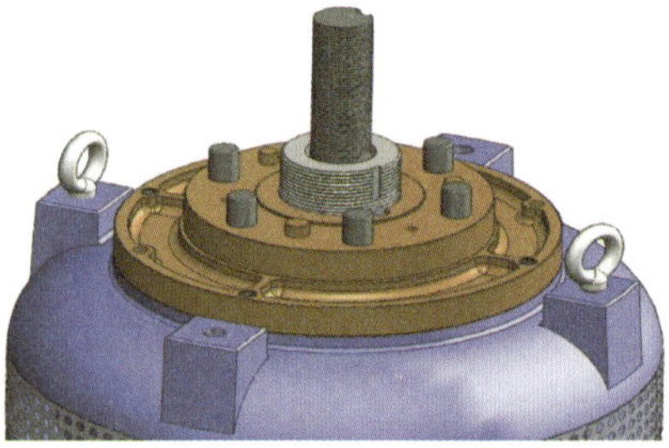 注意事项：安装止推盘。先装入键销装入键槽，装入时如有阻碍，可在键槽或销上摸透平油，再使用铜棒轻轻打击，将键销打入键槽。止推盘装入时如果有阻碍，也可以摸透平油，再使用铜棒轻轻敲击止推盘外沿
4	安装电动机提轴螺母及锁片	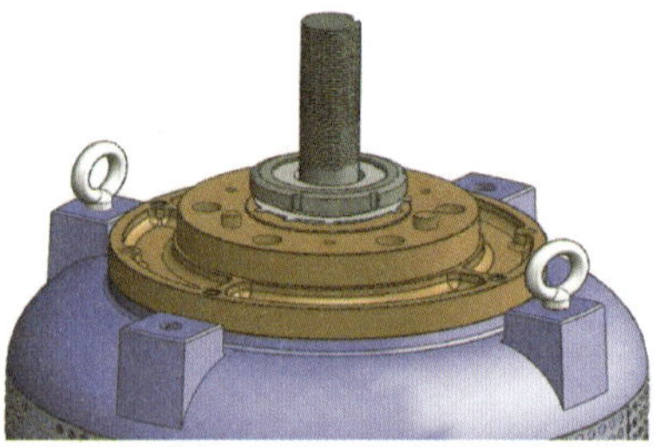 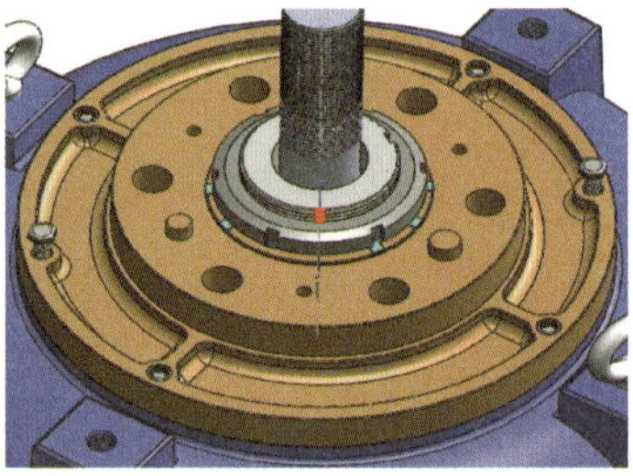 注意事项：安装电机提轴螺母及锁片。装入时注意提轴螺母提升高度应与修前记号一致

续表

序号	作业名称	内　容
5	安装电机联轴器	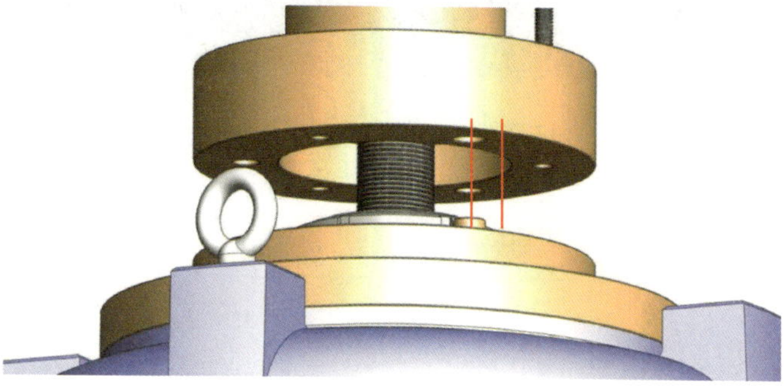 注意事项：安装电机联轴器。装入时应保证联轴器大小键槽与止推装置上孔一一对应
6	安装电机联轴器固定螺栓	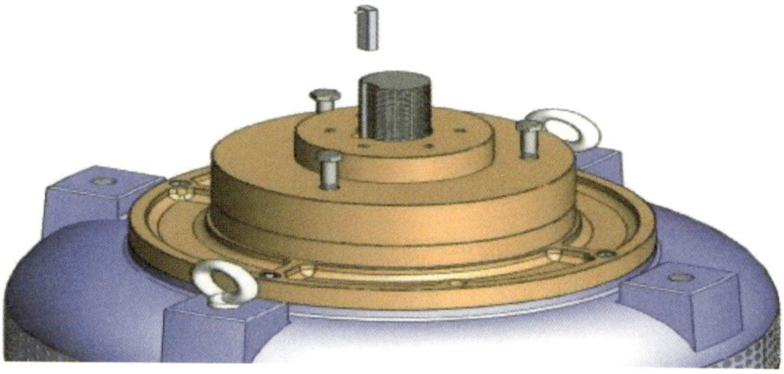 注意事项：安装电机联轴器固定螺栓。使用 12in 活动扳手紧固螺栓，紧固后，联轴器与止推结合处应没有间隙
7	安装水泵提轴螺母	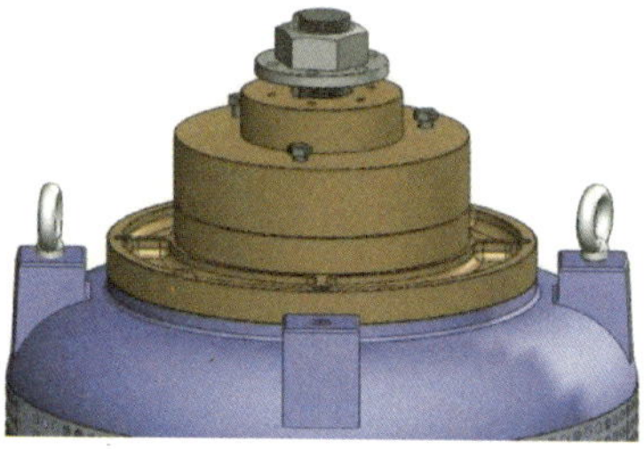 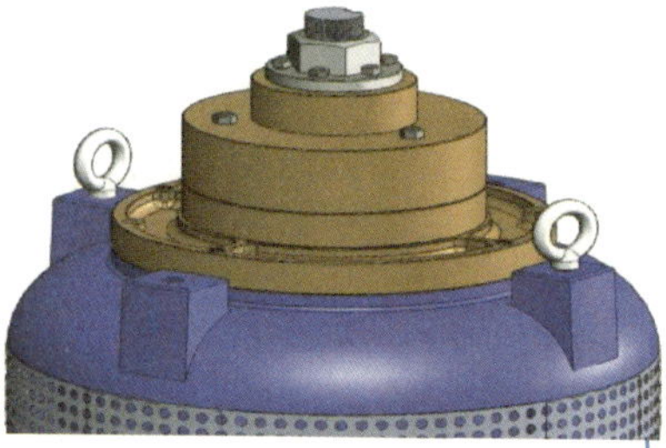 注意事项：安装水泵提轴螺母。使用 1200mm 管钳顺时针旋转水泵提轴，提轴高度应与修前保持一致
作业结束：收好工具，工完场清		

（11）水泵试运行（见表 3-29）。

表 3-29　水泵试运行质量控制表

序号	作业名称	内　容
1	安装电机防尘盖及防护网	水泵试验结束后，注意安装电机防尘罩及防护网
作业结束：收好工具，工完场清		

3.3.2　深井泵检修标准

表 3-30　深井泵检修标准表

序号	作业名称	作业内容	注意事项及质量要求	W/H/S 点
1	手动盘车	手动旋转水泵	观察记录水泵的原始运行状态	S1
2	拆卸水泵提轴螺母	拆卸水泵提轴螺母	测量数据并记录	S2
3	拆卸电机提轴螺母	拆卸电机提轴螺母	测量数据并记录	S3
4	泵座安装	回装水泵泵座	泵座安装后检测其水平，应在许可范围以内	S4
合计	关键过程：4 个			

3.3.3　深井泵常见故障及处理方法

深井泵常见故障及处理方法分析表见表 3-31

表 3-31　深井泵常见故障及处理方法分析表

故障	原　因	处理方法
电动机通电后不转且有异声	（1）定子单相短路 （2）电源一相无电 （3）绕组的接头与接线板接的不对 （4）电动机转向不对 （5）橡胶轴承内孔变形	（1）修理电动机 （2）查出断电原因并消除 （3）清理定子绕组相位，重新接好 （4）调换接头 （5）拆泵更换

续表

故障	原　因	处理方法
电动机启动后转速低	（1）相绕组首末接错 （2）电压过低	（1）清理相绕组，重新接到垫板上 （2）升高电压后启动
电动机运转时有异声并发热	绕组短路	检修电动机绕组
电动机止逆装置失灵	（1）止逆销磨损或有油污 （2）止逆盘槽孔磨损严重	（1）更换止逆销或清洗 （2）加深槽孔或更换止逆盘
电动机轴承部位温度过高	（1）轴承负荷太大或轴承已损坏 （2）润滑油不足或太多 （3）润滑油不清洁	（1）更换轴承 （2）补充或减少润滑油 （3）换适合的润滑油
电动机电流在泵运转时升高	（1）电压降低 （2）电动机轴承损坏 （3）叶轮与壳体有摩擦 （4）泵吸入大量泥沙	（1）停泵，升压后再起泵 （2）拆检，更换轴承 （3）停泵，重新调节轴向间隙 （4）拆泵，清理集水井
水泵不出水或出水不连续	（1）传动轴断裂 （2）扬水管破裂	（1）拆泵，找出损坏原因 （2）更换损坏件
水泵出水量显著降低	（1）转速不对 （2）滤水网堵塞 （3）扬水管或壳体连接处漏水 （4）个别叶轮松脱，转不动 （5）电源频率太低 （6）泵密封环磨损严重 （7）叶轮与中壳斜面间隙过大	（1）调整转速 （2）拆泵，清洗滤网 （3）更换损坏零件 （4）拆开泵体组装，重新装配 （5）解决频率 （6）更换密封环并修理叶轮环口 （7）减小叶轮与中壳的轴向间隙
水泵剧烈震动	（1）启动时未加润滑水润滑轴承 （2）运转中叶轮与壳体摩擦 （3）传动轴及电机轴弯曲 （4）橡胶轴承磨损过量 （5）电动机轴与传动轴不同心	（1）停机，检查润滑水投入预润滑 （2）情况确保正常 （3）停机，调整轴向间距 （4）拆泵，校直轴 （5）拆泵，更换轴承 （6）重新安装
填料箱漏水太多	（1）填料或电动机轴磨损 （2）填料过硬 （3）填料没压紧 （4）轴弯	（1）更换填料或电动机轴 （2）更换填料 （3）压紧填料压盖 （4）校直轴

续表

故障	原　因	处理方法
填料箱处过热	（1）电动机轴弯曲 （2）填料箱处漏水太少或不漏	（1）校直电动机轴 （2）松动填料压盖放松填料
声音异常	（1）电动机轴承故障 （2）扬水管连接螺栓松动 （3）传动轴弯曲 （4）轴承支架损坏 （5）叶轮破损	（1）检查电动机并处理 （2）检查水泵，确定具体部位，做出相应处理方案
水泵效率	（1）叶轮损坏或磨损严重 （2）叶轮轴向间隙偏离标准值 （3）滤水管堵塞	（1）检查电动机并处理 （2）检查水泵，确定具体部位，做出相应处理方案

第4章 辅助机械部分检修试验项目

辅机班所辖相关设备试验项目包含：技术供水系统通水试验，厂外排水泵、排污潜水泵运行试验，厂内送、排风机运行试验。

4.1 水电站厂技术供水通水试验

1. A电厂技术供水通水试验流程（以1号机组为例）

打开1200手动闸阀，手动缓慢打开YM0电动动球阀，同时检查技术供水系统各部件，检查是否有漏水现象存在，以便及时处理。

2. B电厂技术供水通水试验流程（以1号机组为例）

全开技术供水排水阀1210阀——全开技术供水总排水阀1211阀——检查技术供水滤水器总排污阀1204-3阀在全开位置——检查技术供水坝前取水阀1201-1阀在全开位置——检查技术供水坝前取水阀1201-2阀在全开位置——全开技术供水联络阀1202阀——全开技术供水F1滤水器复合排气阀1205-1阀——全开技术供水F1滤水器复合排气阀1205-1阀——检查空气冷却器复合排气阀在全开位置——检查技术供水阀1200阀在全开位置——全开技术供水坝前取水阀1201-1阀——检查技术供水控制盘柜电源正常——切技术供水控制盘柜“现地/远方”操作把手至“现地”位置——全开技术供水YM1阀——检查技术供水通水正常——全关技术供水YM1阀——切技术供水控制盘柜“现地/远方”操作把手至“远方”位置——全关技术供水坝前取水阀1201-1阀——全关技术供水排水阀1210阀——全关技术供水总排水阀1211阀

在检查技术供水通水正常此项，检查本次检修项目设备，技术供水各个连接部件是否存在渗漏问题，如有则对相应设备进行检修处理，如无变化，方可继续进行下面操作。

3. C电厂技术供水通水试验流程

水布垭电厂通常使用尾水管通水，待尾水管充满后，缓慢打开1201阀及1202阀对技术供水主管路进行通水试验，对技术供水相关连接部件进行检查、处理。

验收标准：

（1）检查技术供水管路各连接部件是否存在渗漏现象；

（2）检查止回阀动作是否正常；

（3）检查滤水器动作是否正常；

（4）检查技术供水管路压力是否达到正常工作压力；

（5）检查技术供水水泵旋转方向是否正常；

（6）检查技术供水水泵机械密封是否存在渗漏现象。

如以上均未出现异常，即验收合格。

4.2 水电站厂外排水深井泵运行试验流程

鉴于水电站渗漏泵、检修泵类型相似，实验步骤一致，故以某电厂1号检修泵为例进行阐述。

全开1号检修泵润滑水阀0231阀，全开1号检修泵出口阀0232阀，将1号检修泵盘柜动力电源开关至“现地”。

先点动，观察电机轴旋转方向是否正确，如正确，手动启动检修泵约5min左右，观察水泵联轴器温度是否变化，如无变化，即可恢复检修泵正常投运。

验收标准：

1. 试车前检查

（1）检查传动装置中的止逆装置是否有效；

（2）检查转向是否符合要求；

（3）电器部分是否符合有关规定，是否与电动机容量相适应。

2. 空负荷试车检查

检查泵与电动机的声音、振动是否正常，震动不超过0. 08mm；6.2.2压力、流量是否正常。

3. 负荷试车检查

（1）轴承工作是否正常，有无发热、异声等现象；

（2）压力表、流量表、电流表读数是否正常；

（3）泵体是否有振动，有无杂音。

如以上均未出现异常，即验收合格。

4.3 水电站排污潜水泵运行试验流程

潜水泵只需通电，即可进行运行试验。

验收标准：

（1）电源线、信号线连接完成后，启动潜水泵检查管道压力、流量是否正常；

（2）潜水泵运行电流是否正常；

（3）潜水泵出口与排水管连接处密封面无漏水情况，即为安装合格。

如以上均未出现异常，即验收合格。

第 5 章 典型检修案例分析

5.1 案例 1 水布垭电厂 ZLSG-B（ZLSG）型全自动滤水器检修后漏水情况分析

2018 年冬修辅机班在水布垭电厂 1、2 号机组的检修过程中，均出现了修后设备漏水的情况。为了杜绝此类事情的再次发生，班组对以上漏水事件进行分析，希望通过分析，降低今后工作中因人为因素造成的漏水事件。

5.1.1 水布垭电厂 1 号机滤水器漏水情况分析

1. 事情经过

2018 年 9 月 12 日，对水布垭电厂 1 号机组 1 号技术供水滤水器进行解体的过程中，发现滤水器密封座出现细微裂纹，于是决定在滤水器检修完毕回装时，对裂纹部分进行涂抹 587。回装后进行目测检查，没有发现密封座裂纹进一步扩大的情况。9 月 25 日，运行人员发现顶盖轴向漏水，怀疑轴承下方密封没有到位，采取在轴承上方加装 6mm 密封圈的方法，漏水情况未见改善。判断为封水盖下压力不足，由于压盖固定螺丝部分滑丝，采取用 14 的丝锥进行攻丝。试验之后继续滑丝，后对压盖螺孔进行扩孔，采用 16 的丝锥进行攻丝。再次在轴承上使用 6mm 密封圈进行密封，周边使用 587 防水涂料，漏水现象仍然未消除。对滤水器进行排水分解检查，发现滤水器轴密封座已断裂，已无法保证密封有效工作。通过与电厂商议后决定，拆除滤水器轴，并在轴承处加装特制的堵头，堵头安装后试验效果良好，无漏水现象。

2. 事件分析

（1）设备分析。此次漏水事件的主要原因是电机轴密封座的断裂，造成内部密封无法有效工作，导致滤水器漏水现象的产生。密封座原始状态就存在一定的裂纹情况，加之在拆装过程中对密封座造成一定量的挤压，导致裂纹的进一步扩大，进而造成密封座的最终断裂。

（2）人员分析。在此次漏水事件中，班组检修人员未对出现的密封座的裂纹情况引起足够的重视。虽进行了处理，但并未有效地解决漏水问题，说明对设备的认知度还有欠缺。

3. 措施与对策

（1）在今后的检修工作中，解体滤水器后，对滤水器各部件进行逐一的检查；

（2）积极与电厂方进行配合，提供易损部件尺寸，并更换缺陷部件；

（3）组织人员对此次漏水事件进行讨论与总结；

（4）工作中加强班组成员对设备的认识，尽最大努力降低此类事情的发生。

5.1.2　水布垭电厂 2 号机组技术供水泵漏水情况分析

1. 事情经过

2018 年 10 月 22 日，开始对水布垭电厂 2 号机组检修。班组对 2 号机组技术供水 1 号水泵进行了解体并更换其机械密封。密封更换后设备按原状态恢复，水泵提轴高度修前为 13mm，修后 12mm，回装后手动盘车顺畅。11 月 8 日通水试验，水泵运行正常，未出现漏水现象，试运行结束后水泵温度正常。次日水泵出现少量积水，判断为机械密封漏水，拆卸水泵并检查机械密封。密封动作正常，未见卡死现象。上下密封面未见裂纹及破损。更换新机械密封回装，提轴高度恢复至 13mm，盘车顺畅。试运行水泵运转正常，未出现漏水现象，试运行后水泵温度正常。次日水泵再次出现积水，再次拆卸水泵，从机械班拿来两套新密封进行比对，发现多套机械密封下端密封内的 O 型密封圈与水泵轴配合间隙较大，密封实际安装后，轴向运动较为自由。经过测量，最后选取一套密封配合好的进行安装。水泵回装提轴高度 13mm，手动盘车顺畅。水泵试运行未见漏水现象，运行温度正常，次日未出现漏水现象。

2. 事件分析

（1）设备分析。此次水泵漏水均出现在水泵试运行之后，而且漏水量很小，可以排除因为机械密封未安装到位的情况。在未改变安装工艺流程的情况下，通过多次比对多套机械密封，发现多套机械密封下端密封内的 O 型密封圈与水泵轴配合间隙较大，本应紧箍在水泵轴的密封，实际安装后轴向运动较为自由。后更换了配合良好的机械密封后，漏水现象消除。所以判断漏水原因，主要是因为 O 型密封圈间隙过大造成的。

（2）人员分析。此次水泵漏水，暴露出检修人员对设备配件不熟的情况，安装 O 型圈与以往存在差异时，并未及时提出。

① 总结分析机械密封的差异对封水效果的影响；

② 细化机械密封的安装流程 2.3 措施与对策；

③ 与电厂配合，在安装过程中使用合格的机械密封。

5.2 案例 2 水布垭电厂 1 号检修深井泵扬水管连接螺栓断裂情况分析

5.2.1 情况概述

水布垭电厂检修泵用于机组检修排水。2019 年 6 月，对 1 号检修泵进行例行解体检查。经检查发现，多节扬水管连接法兰面出现螺栓断裂情况，断裂螺栓共 26 颗。断裂的螺栓部位及数量：扬水管 3–4 节连接处 3 颗，4–5 节连接处 5 颗，5–6 节连接处 4 颗，6–7 节连接处 2 颗，7–8 节连接处 3 颗，8–9 节连接处 4 颗，9–10 节连接处 4 颗，10–11 节连接处 1 颗。

5.2.2 断裂情况分析

经分析，造成扬水管螺栓断裂原因主要有：安装工艺、螺栓备件质量、设备运行工况等因素。下面对各个原因进行详细分析。

1. 安装工艺

水泵的安装方式：利用管卡固定末端的叶轮，然后逐节向上安装旋转轴及扬水管，扬水管与扬水管之间的法兰由 12 颗连接螺栓连接，扬水管之间的连接均为硬连接，法兰面存在止口。扬水管与扬水管连接处有支撑架（作用是用于安装橡胶导轴承的固定支架），嵌于止口内起到密封作用，两节扬水管及支架安装到位后，所有的连接螺栓先是以中心对称的方式进行预紧，最后由一人均匀收紧全部螺栓。扬水管安装完毕后，连接水泵座并将其安放至基础面，使用水平仪将水泵座调整水平，全部安装完成后，连接电机提轴手动盘车，盘车动作灵活，无卡涩现象。相同的工艺使用于高坝洲与隔河岩的检修泵装配，两个电厂的检修泵多年运行并无螺栓断裂的情况。

2. 螺栓备件

该台检修泵上次检修时（2015 年），更换了所有紧固螺栓，所有螺栓配件均由电厂提供。检查该批次螺栓，螺栓上并未发现国标中代表强度及编号的钢印；螺栓表面粗糙，螺纹有毛刺。

本次检修距上次检修已近 4 年，是否属于金属疲劳造成损坏，还是金属材料强度不能符合水布垭工况，需进一步做检测。

3. 设备运行工况

根据与水布垭电厂沟通，四台检修泵运行方式是互为备用，并无一台检修泵长时间超负荷运行的情况。检修泵在检修完毕后进行的试运行和日常巡检中，均未发现水泵有异常震动的情况，所以排除设备运行工况因素。

5.2.3 综合分析

检修排水泵螺栓断裂是个综合性问题。该电厂检修泵检修周期一般为两年，之前的检修过程中常有螺栓断裂的情况出现，但遇到的断裂螺栓数量较少。此次 1 号检修泵检修时隔 4 年，螺栓断裂个数较多。此外，水布垭检修泵悬挂扬水管节数多、管径大，扬水管法兰面连接螺栓的强度要求也更高。每次检修更换所使用的螺栓批次不一样，螺栓的材料和强度存在差异，可能是造成本次螺栓断裂个数增多的主要原因。

综上所述，建议在例行检修时全面更换 SBY 电厂检修泵扬水管固定螺栓，并购买使用强度更高（如：A2–70）的不锈钢螺栓。

5.3 案例 3 水布垭电厂 4 号机 2 号技术供水泵轴键与轴承盖摩擦情况分析

5.3.1 情况概述

水布垭电厂 4 号机于 2019 年 3 月进行了检修，期间对 2 号技术供水泵进行了整体解体检修，更换其机械密封、水泵轴承和提轴螺母锁片，同时更换了水泵出口止回阀，试通水技术供水运行正常。2019 年 10 月 2 日，某电厂 4 号机 2 号技术供水泵在运行中，发现水泵联轴器传动键与轴承盖摩擦。辅机班于 10 月 9 日对水泵进行解体检查，发现